Petra Derler/Frank Hempel/Markus Fiedler

VOB 2016

in Bildern

WEKA

PRAXISLÖSUNGEN

Petra Derler/Frank Hempel/Markus Fiedler

VOB 2016

in Bildern

- Abrechnen auf aktuellem Stand der VOB 2016
- Abrechnungsregeln auf einen Blick erkennen und sicher anwenden
- Diskussionen und Streitigkeiten vermeiden

IMPRESSUM

Bibliografische Information der Deutschen Nationalbibliothek
Die Deutsche Nationalbibliothek verzeichnet diese Publikation in der Deutschen Nationalbibliografie; detaillierte bibliografische Daten sind im Internet über http://dnb.d-nb.de abrufbar.

Wichtiger Hinweis
Die WEKA MEDIA GmbH & Co. KG ist bemüht, ihre Produkte jeweils nach neuesten Erkenntnissen zu erstellen. Deren Richtigkeit sowie inhaltliche und technische Fehlerfreiheit werden ausdrücklich nicht zugesichert. Die WEKA MEDIA GmbH & Co. KG gibt auch keine Zusicherung für die Anwendbarkeit bzw. Verwendbarkeit ihrer Produkte zu einem bestimmten Zweck. Die Auswahl der Ware, deren Einsatz und Nutzung fallen ausschließlich in den Verantwortungsbereich des Kunden.

WEKA MEDIA GmbH & Co. KG
Sitz in Kissing
Registergericht Augsburg
HRA 13940

Persönlich haftende Gesellschafterin:
WEKA MEDIA Beteiligungs-GmbH
Sitz in Kissing
Registergericht Augsburg
HRB 23695
Geschäftsführer: Stephan Behrens, Michael Bruns, Werner Pehland

WEKA MEDIA GmbH & Co. KG
Römerstraße 4, D-86438 Kissing
Fon 0 82 33.23-40 00
Fax 0 82 33.23-74 00
service@weka.de
www.weka.de

Umschlag geschützt als Geschmacksmuster der
WEKA MEDIA GmbH & Co. KG
Satz: WEKA MEDIA GmbH & Co. KG
Druck: Elanders Germany GmbH, Anton-Schmidt-Str. 15, D-71332 Waiblingen
Printed in Germany 2016

ISBN 978-3-8111-0117-3

Inhaltsverzeichnis

1 Aufmaß als Grundlage der Abrechnung

Abrechnung nach Aufmaß (Einheitspreisverträge)

Wann ist ein Aufmaß notwendig?

Beim Einheitspreisvertrag kommt dem Aufmaß eine entscheidende Bedeutung für die Prüfbarkeit der Abrechnung und damit für die Bezahlung der Bauleistung zu. Die Abrechnung von Einheitspreisen ist ohne Aufmaß nicht prüfbar. Aufgabe und Ziel des Aufmaßes ist es, dem Auftraggeber Art, Größe oder Anzahl und Menge der erbrachten Bauleistung nachvollziehbar darzulegen.

Ohne Vorlage eines Aufmaßes sind Rechnungen beim Einheitspreisvertrag nicht prüfbar und damit nicht fällig (§ 14 Abs. 1 Satz 1 VOB/B). Der Auftragnehmer hat also ohne Aufmaß keinen Anspruch auf eine Zahlung.

Das gilt selbst dann, wenn der Auftragnehmer exakt die im Leistungsverzeichnis ausgeführten Mengen abrechnet. Auch dann muss der Auftraggeber die Möglichkeit haben, zu überprüfen, wo bzw. wie der Auftragnehmer diese Mengen erbracht haben will.

Anforderungen an ein Aufmaß

Die VOB/B enthält keine detaillierten Anforderungen an ein Aufmaß. Dort heißt es nur: *„Die zum Nachweis von Art und Umfang der Leistung erforderlichen Mengenberechnungen, Zeichnungen und andere Belege sind beizufügen."*

Anforderungen an das Aufmaß können sich aus den Abrechnungsbestimmungen in den technischen Vertragsbestimmungen oder den sonstigen vertraglichen Vereinbarungen ergeben (§ 14 Abs. 2 Satz 2 VOB/B). In jedem Fall – insbesondere dann, wenn entsprechende Vereinbarungen fehlen – sind die Abrechnungsvorschriften der VOB/C zu beachten. Die VOB/C enthält im jeweiligen Abschnitt 5 Vorschriften zum Aufmaß.

Aufmaß korrekt erstellen

Bei der Erstellung des Aufmaßes hat sich folgende Vorgehensweise in der Praxis bewährt:

- Zunächst sind die Aufmaßpläne, möglichst in zweifacher Ausfertigung, anzulegen. Im Streitfall verfügt dann der Bauunternehmer noch über ein eigenes Exemplar.
- Zur Erläuterung der ausgeführten Arbeiten sollten die Aufmaßpläne farblich, übersichtlich und nach Positionen angelegt werden. Gegebenenfalls sind Skizzen anzufertigen.
- Den Aufmaßplänen ist eine Legende beizufügen, aus der sich ergibt, was die einzelnen Farbmarkierungen und die eingetragenen Zahlen usw. bedeuten.
- Regelmäßig sind darüber hinaus rechnerische Arbeiten und Massenermittlungen notwendig. Dann sollte immer auf folgende Methode zurückgegriffen werden:
  Man beginnt links unten im Plan und geht im Uhrzeigersinn weiter. Sind im Plan bereits Raumbezeichnungen verwendet worden, sollten diese unbedingt übernommen werden. Die einzelnen Stockwerke sind zu bezeichnen. Es sind die im Plan angegebenen Maße zu verwenden. Man sollte sich davor hüten, irgendwelche Maße ohne Darlegung des Rechenwegs zusammenzufassen. Woher soll der Rechnungsprüfer wissen, welche Maße zusammengefasst wurden? Das Aufmaß sollte mit einer Zusammenstellung der einzelnen Positionen enden. Dabei sind auch alle Leistungen einer Position aus den verschiedenen Aufmaßblättern zu einer Summe zusammenzufassen, wobei die entsprechenden Seitenzahlen der Aufmaßblätter mit anzugeben sind. Dem Prüfer wird damit die Möglichkeit gegeben, die Maße ihrer Bedeutung entsprechend mühelos zuzuordnen.
- Änderungen, die sich auf der Baustelle gegenüber den Ausführungsplänen ergeben, sind laufend in die Aufmaßpläne einzutragen. Es ist darauf zu achten, dass für die zusätzlichen oder geänderten Leistungen entsprechende Nachtragsaufträge vorliegen, und zwar schriftlich vor Ausführung. Sollte dies nicht möglich sein, muss zumindest darauf hingewiesen werden, dass die entsprechenden Leistungen nicht kostenlos erbracht werden. Es genügt auch eine schriftliche Auftragsbestätigung, wenn die Beauftragung beispielsweise mündlich zuvor auf der Baustelle erfolgt ist.

Sicherlich gibt es auch andere Methoden, das Aufmaß und die Aufmaßpläne herzustellen. Doch hat sich die beschriebene Vorgehensweise in der Baupraxis bewährt.

Das in beschriebener Art und Weise erstellte Aufmaß und die Aufmaßpläne sollte der Auftragnehmer der Rechnung beifügen. Zwar kann der Auftraggeber keine Aufmaßpläne verlangen, wenn die Rechnung auch ohne sie prüfbar ist. In der Praxis hat es sich für Auftragnehmer jedoch bewährt, dem Auftraggeber die Prüfung so einfach wie möglich zu machen, um den Zahlungsfluss zu beschleunigen.

Nicht prüfbares Aufmaß

Ist der Auftraggeber der Ansicht, das Aufmaß sei nicht prüfbar, so muss er dies dem Auftragnehmer mitteilen.

Für **Abschlagsrechnungen** gibt es keine zeitliche Begrenzung (Frist) für den Einwand der Unprüfbarkeit. Die Behauptung, die Abschlagsrechnung sei nicht prüfbar, kann also (erstmals) auch noch Wochen oder Monate nach Ablauf der Prüffrist für die Rechnung erhoben werden.

Geht es um eine **Schlussrechnung**, so muss die Rüge innerhalb der Prüffrist für die Rechnung erfolgen. Überschreitet der Auftraggeber diese Frist, so kommt es auf seine Rüge nicht mehr an. Der Auftraggeber muss zudem die Gründe für die fehlende Prüfbarkeit konkret benennen. Er kann nicht einfach nur pauschal die Prüfbarkeit infrage stellen (§ 16 Abs. 3 Nr. 1 Satz 2 VOB/B).

Hat der Auftraggeber die Rechnung (zu Recht) als nicht prüfbar zurückgewiesen, so muss der Auftragnehmer nachbessern und insbesondere fehlende Nachweise nachreichen. Entgegen weitverbreiteter Ansicht beginnt nach Übergabe weiterer Unterlagen die Prüffrist nicht von Neuem. Die Prüffrist wird nur für die Zeit gehemmt, in der der Auftragnehmer die weiteren Unterlagen zusammenstellt.

Beispiel

Es ist eine Prüf- bzw. Zahlungsfrist für die Schlussrechnung von 30 Tagen vereinbart. Der Auftraggeber rügt die fehlende Prüfbarkeit wegen eines fehlenden Aufmaßes 25 Tage nach Rechnungseingang. In diesem Fall hat er nach Eingang des Aufmaßes nur noch fünf Tage Zeit, die Schlussrechnung zu prüfen.

Gemeinsames Aufmaß

Mit gemeinsamem Aufmaß Streitigkeiten vermeiden

Da das Aufmaß häufig die Quelle für spätere Meinungsverschiedenheiten und Auseinandersetzungen ist, ist die Anfertigung eines gemeinsamen Aufmaßes dringend zu empfehlen. Auf diese Weise können Zweifelsfragen frühzeitig aufgedeckt und an Ort und Stelle geklärt werden. Dies ist auch der Hintergrund der Regelung in § 14 Abs. 2 Satz 1 VOB/B: Es sollen klare Verhältnisse hinsichtlich des tatsächlichen Leistungsumfangs geschaffen werden. Das liegt im Interesse beider Bauvertragsparteien.

Im Streitfall muss grundsätzlich der Auftragnehmer nachweisen, dass das Aufmaß richtig ist. Er trägt die sog. Beweislast. Deshalb hat der Auftragnehmer nach ständiger Rechtsprechung einen **Anspruch** auf ein gemeinsames Aufmaß. Er kann vom Auftraggeber verlangen, dass die Feststellungen gemeinsam an Ort und Stelle getroffen werden.

Weigert sich der Auftraggeber, an der gemeinsamen Erstellung des Aufmaßes mitzuwirken, so ist der Bauunternehmer nach ständiger Rechtsprechung berechtigt, ein von ihm einseitig erstelltes Aufmaß seiner Abrechnung zugrunde zu legen. Bestreitet der Auftraggeber dann die Richtigkeit des Aufmaßes, so ist er verpflichtet, hierfür den Beweis zu erbringen. Letztlich führt die Verweigerungshaltung des Auftraggebers damit zu einer **Umkehr der Beweislast.** Während normalerweise der Bauunternehmer für den Umfang der ausgeführten Leistungen im Streitfall darlegungs- und beweispflichtig ist, muss nunmehr der Bauherr die Nichtausführung nachweisen.

Hinweis für die Praxis

Die hier zitierte Rechtsprechung ist in der Praxis von ganz erheblicher Bedeutung. Die Beweislast für die Richtigkeit des Aufmaßes kann entscheidend sein. Das gilt vor allem bei Leistungen, deren Ausführungen sich nachträglich nicht mehr oder nur noch unter erheblichem Aufwand feststellen lassen.

Beispiel

Der Auftragnehmer hat bei einem Einkaufszentrum Leitungen verlegt, die später plangemäß durch Zwischendecken verdeckt werden. Insgesamt geht es um Leitungen mit einer Gesamtlänge von nahezu 50 km, die über 100 verschiedene Shops des Einkaufszentrums verteilt sind. Im Rahmen der Schlussrechnungsprüfung nimmt der Auftraggeber erhebliche Streichungen am Aufmaß vor. Der Auftragnehmer akzeptiert diese Kürzungen nicht.

Im obigen Beispielsfall kann entscheidend sein, ob der Auftragnehmer rechtzeitig (vor dem Verschließen der Zwischendecken) zu einem gemeinsamen Aufmaß eingeladen hat. Ist das geschehen und ist der Auftraggeber der Einladung nicht gefolgt, so geht die Beweislast für die Richtigkeit des Aufmaßes des Auftragnehmers auf ihn über. Es wird dem Auftraggeber aber nachträglich (insbesondere nach Eröffnung des Einkaufszentrums) äußerst schwerfallen, den Beweis zu führen. Er müsste nachweisen, dass die vom Kläger behaupteten 50 km Leitungslänge tatsächlich **nicht** verlegt wurden.

Dieser Beweis wird dem Auftraggeber kaum gelingen. Gibt es keine aussagekräftigen Pläne, so müsste das Aufmaß vor Ort genommen werden. Das Gleiche gilt, wenn streitig ist, ob überhaupt nach diesen Plänen gebaut wurde. Ob die Inhaber der 100 Shops ihre Zustimmung zum Öffnen der Zwischendecken erteilen, dürfte zweifelhaft sein. Der Auftraggeber unterliegt daher dem ganz erheblichen Risiko, dass er die Fehlerhaftigkeit des Aufmaßes nicht beweisen kann.

Die gleichen Risiken treffen natürlich den Auftragnehmer, wenn dieser nicht um ein gemeinsames Aufmaß gebeten hat und deshalb – wie im Normalfall – die Beweislast trägt.

Vollmacht zum gemeinsamen Aufmaß

Der aufseiten des Auftraggebers eingeschaltete Architekt ist im Allgemeinen zur Durchführung des gemeinsamen Aufmaßes und damit auch zum Anerkenntnis der getroffenen Feststellungen als bevollmächtigt anzusehen, wenn er mit der Objektüberwachung betraut ist. Gleiches gilt auch dann, wenn der Architekt lediglich als örtlicher Bauleiter tätig ist. Regelmäßig wird auch der beim Auftraggeber angestellte Bauleiter Vollmacht zur Anfertigung eines gemeinsamen Aufmaßes haben.

Von der Vollmacht darf der Auftragnehmer vor allem dann ausgehen, wenn er um ein gemeinsames Aufmaß gebeten hat und zu dem vereinbarten Termin sodann der Bauleiter erscheint (Anscheins- bzw. Duldungsvollmacht).

Die Bevollmächtigung umfasst aber grundsätzlich nicht die Befugnisse, Ansprüche des Bauunternehmers, z.B. die Schlussrechnung, anzuerkennen oder aufgrund der Erstellung eines gemeinsamen Aufmaßes einen entsprechenden Vergleich abzuschließen.

Wirkungen eines gemeinsamen Aufmaßes

Haben die Bauvertragsparteien gemeinsam und einverständlich das Aufmaß festgestellt, liegt hierin eine rechtsgeschäftliche Willenserklärung. Das gemeinsame Aufmaß stellt ein sog. **deklaratorisches Schuldanerkenntnis** dar. Das bedeutet, dass Auftraggeber und Auftragnehmer grundsätzlich an das gemeinsame Aufmaß gebunden sind.

Die Bindungswirkung des gemeinsamen Aufmaßes betrifft jedoch nur die getroffenen Feststellungen. Die Parteien sind insofern an die Feststellungen einer bestimmten Stückzahl, eines Raum- oder Längenmaßes gebunden. Dagegen ist mit dem gemeinsamen Aufmaß noch nichts darüber gesagt, ob und wie die Leistung überhaupt abgerechnet werden kann.

Beispiel

Der Auftragnehmer hat unstreitig Schutzmaßnahmen für angrenzende Bauteile durchgeführt. Diese werden im Rahmen eines gemeinsamen Aufmaßes auch festgestellt. Ob der Auftragnehmer diese Leistungen überhaupt eigenständig abrechnen kann (oder ob es sich z.B. um Nebenleistungen handelt), ist damit noch nicht gesagt.

Hinweis für die Praxis

Das oben Gesagte gilt für Stundenlohnzettel entsprechend. Mit der Unterschrift unter einem Stundenlohnzettel bestätigt der Auftraggeber nur den Umfang der geleisteten Stunden. Ob die entsprechenden Arbeiten überhaupt zum Stundensatz abgerechnet werden können, ist eine andere Frage.

Die Bindungswirkung des gemeinsamen Aufmaßes führt nicht dazu, dass der Auftraggeber die festgestellten Leistungen als mangelfrei anerkennt. Das ist eine Frage der Abnahme.

Kann sich eine Partei einseitig vom gemeinsamen Aufmaß lösen?

Im Fall eines gemeinsamen Aufmaßes sind beide Parteien grundsätzlich an das Ergebnis gebunden.

Ob und unter welchen Umständen sich eine Partei nachträglich von einem gemeinsamen Aufmaß lösen kann, wird in der Rechtsprechung nicht einheitlich beurteilt. Nach Ansicht der meisten Gerichte muss derjenige, der sich vom Aufmaß lösen will, dessen Fehlerhaftigkeit beweisen. Andere Gerichte fordern zusätzlich den Nachweis, dass die Fehlerhaftigkeit dem jeweiligen Vertragspartner erst nachträglich bekannt geworden ist und beim gemeinsamen Aufmaß nicht erkannt werden konnte.

Beruht die Fehlerhaftigkeit des Aufmaßes nicht auf falschen Feststellungen, sondern auf Schreib-, Rechen- oder Übertragungsfehlern, so kommt die Anfechtung in Betracht (§ 119 BGB). Diese muss unverzüglich und schriftlich erfolgen und unmissverständlich erkennen lassen, dass man das Aufmaß wegen des Irrtums nicht gelten lassen kann.

Beispiel

Als Anfechtungsgründe kommen in der Baupraxis in Betracht: Schreibfehler auf der Baustelle oder bei der Übertragung der handschriftlichen Notizen in die Rechnung im Büro; die Zuordnung richtiger Maße zur falschen Position; die Aufnahme falscher Maße.

Anfechtbar ist ein Aufmaß also vornehmlich bei Schreib-, Rechen- oder Übertragungsfehlern. Haben die Parteien ein gemeinsames Aufmaß als verbindlich vereinbart und auch unterzeichnet, kann der Auftraggeber aber das Aufmaß nicht später unter Bezugnahme auf § 119 BGB mit der Begründung anfechten, dass er es überhaupt nicht überprüft habe und auch hierzu nicht in der Lage gewesen sei.

Hinweis für die Praxis

Gerade in Gerichtsverfahren kommt dem gemeinsamen Aufmaß besondere Bedeutung zu. Die Praxis zeigt, dass die Gerichte es regelmäßig nicht zulassen, dass sich eine Seite nachträglich von einem gemeinsamen Aufmaß löst. Insbesondere sehen die Gerichte im Fall eines gemeinsamen Aufmaßes davon ab, dieses nachträglich von einem gerichtlich bestellten Gutachter überprüfen zu lassen.

Prüfbarkeit ohne gemeinsames Aufmaß

Auch wenn ein gemeinsames Aufmaß von der VOB/B in § 14 Abs. 2 empfohlen wird und sinnvoll ist, ist es nicht zwingende Voraussetzung für die Prüfbarkeit der Rechnung. Das Fehlen eines gemeinsamen Aufmaßes hat außerdem keine Auswirkungen auf die Fälligkeit des Werklohnanspruchs.

Klauseln, nach denen die Abrechnung „nur" oder „ausschließlich" auf Basis eines „anerkannten" oder „gemeinsamen" Aufmaßes zulässig ist, sind in Allgemeinen Geschäftsbedingungen unwirksam. Denn der Auftraggeber könnte durch bloße Nichtanerkennung oder Nichtteilnahme an einem gemeinsamen Aufmaß jedwede Abrechnung verhindern.

2 Begriffsdefinition

In einem Anhang zur ATV DIN 18299 werden in den ATV verwendete Begriffe einheitlich definiert.

Aussparungen

Unter Aussparungen versteht die ATV Querschnittschwächungen bei Bauteilen, die sowohl kleiner als die Bauteiltiefe, z.B. Nischen oder Schlitze, oder auch gleich der Bauteiltiefe, z.B. bei Öffnungen oder Durchbrüchen, sein können. Bei Flächen stellen Aussparungen nicht zu behandelnde bzw. herzustellende Teile dar. Als Beispiele für Aussparungen nennt die ATV Öffnungen (auch raumhoch), Durchbrüche, Durchdringungen, Nischen, Schlitze, Hohlräume, Leitungen und Kanäle.

Unterbrechungen

Bei der Abrechnung nach dem Längenmaß versteht die ATV unter Unterbrechungen trennende, nicht zu behandelnde bzw. nicht herzustellende Abschnitte. Da es sich um **trennende** Abschnitte handelt, muss also beidseitig dieser Trennung das unterbrochene Bauteil in gleicher Weise weiterlaufen.

Bei der Abrechnung nach dem Flächenmaß stellen Unterbrechungen Trennungen durch Bauteile geringer Breite dar, die nicht zu behandeln bzw. herzustellen sind. Als Beispiele für Unterbrechungen nennt die ATV Fachwerkteile, Vorlagen, Lisenen, Gesimse, Entwässerungsrinnen und Einbauten.

Weil es sich nach dieser Definition bei solchen Unterbrechungen um Trennungen von Flächenbereichen handelt, können z.B. Fachwerksteile an den Kanten von Fachwerkswänden, z.B. Schwellen oder Eckpfosten, keine solche Unterbrechungen darstellen. Vielmehr stellen solche Bauteile dann die jeweiligen Flächen begrenzende Bauteile dar.

Anarbeiten

Unter Anarbeiten versteht die ATV das Heranführen von Bauleistungen an begrenzende Bauteile, ohne dass sie an die begrenzenden Bauteile angepasst oder angeschlossen werden müssten.

Anpassen

Unter Anpassen versteht die ATV das Heranführen von Bauleistungen an begrenzende Bauteile, wobei sie so bearbeitet werden müssen, dass sie der Geometrie der begrenzenden Bauteile folgen.

Anschließen

Unter Anschließen versteht die ATV das Heranführen von Bauleistungen an begrenzende Bauteile, wobei sichergestellt werden muss, dass eine definierte technische Funktion, z.B. Winddichtigkeit, Wasserdichtigkeit oder Kraftschlüssigkeit, erfüllt wird.

Kleinstes umschriebenes Rechteck

Das kleinste umschriebene Rechteck wird definiert als das kleinste Rechteck, das eine Fläche beliebiger Form umschließt (siehe Bilder 1 und 2)

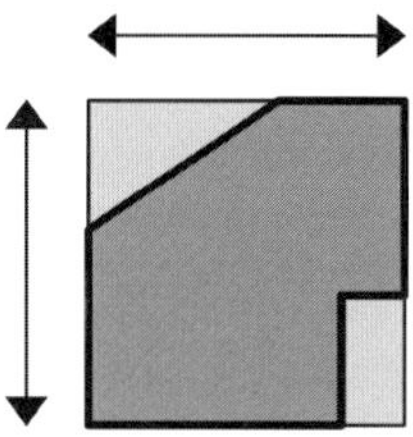

Bild 1:
Kleinstes umschriebenes Rechteck einer unregelmäßigen Fläche

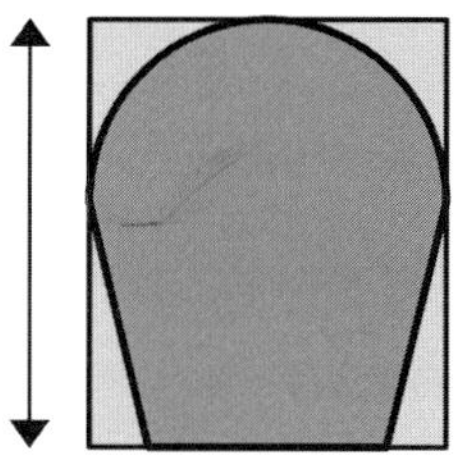

Bild 2:
Kleinstes umschriebenes Rechteck einer abgerundeten Fläche

3 Aufmaß und Abrechnung im Überblick

ATV DIN 18300
Erdarbeiten

Allgemeines

Worum geht es?	Wie wird gerechnet/ermittelt?	ATV
Ermittlung der Leistung	erfolgt nach Zeichnungen, wenn diese den ausgeführten Leistungen entsprechen, andernfalls nach Aufmaß	5
zugrunde gelegt werden gleichgültig, ob die Leistungsermittlung nach Zeichnung oder Aufmaß erfolgt	Maße der Erdbauwerke	5.1

Ermittlung der Maße/Mengen

Worum geht es?	Wie wird gerechnet/ermittelt?	ATV
Mengenermittlung 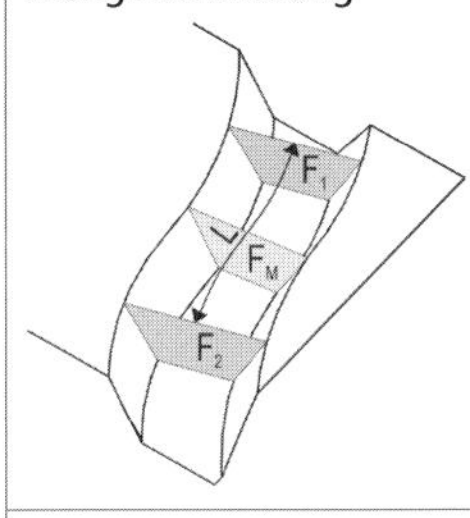	Näherungsverfahren dürfen verwendet werden. *Tipp:* *Wenn im Leistungsverzeichnis keine Verfahren vorgeschrieben sind, sind anerkannte Verfahren aus der Geometrie zur näherungsweisen Ermittlung des Rauminhalts oder der Oberfläche von unregelmäßigen Körpern anzuwenden.*	5.2.1
Ermittlung der entnommenen Mengen	an der Entnahmestelle im Abtrag	5.2.2
Ermittlung eingebauter Mengen	im fertigen Zustand im Auftrag *Tipp:* *Bei Abrechnung nach Raummaß ist das Volumen maßgebend, das durch den verdichteten Einbau gefüllt werden soll – und nicht das Volumen des Materials vor dem Einbau.*	5.2.3

Worum geht es?	Wie wird gerechnet/ermittelt?	ATV
Länge des Förderwegs 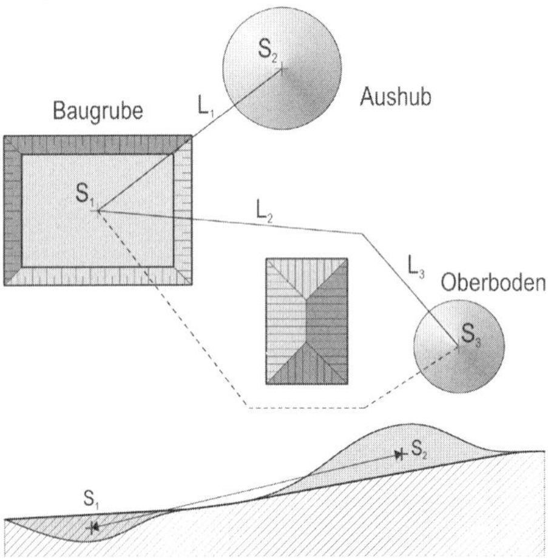 	kürzeste zumutbare Entfernung zwischen den Schwerpunkten der Auftrags- und Abtragskörper messen *Tipp:* *Als Förderweg gilt auch ein Transportweg außerhalb der Baustelle.*	5.2.4
abgeböschte Baugruben und Gräben bei denen keine Vorgaben vorliegen 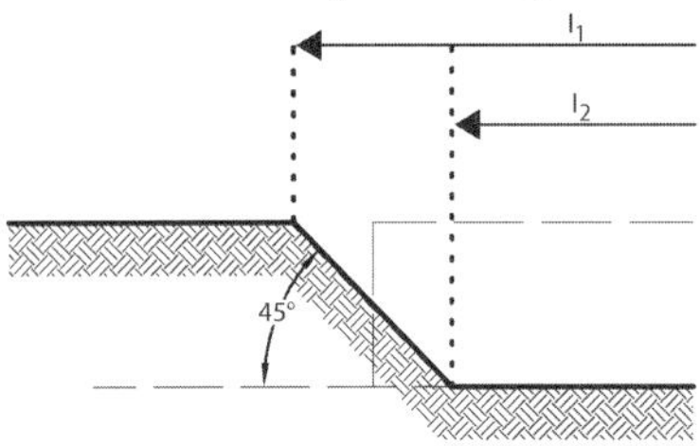 	für Böschungsraum Böschungswinkel von 45° ansetzen	5.2.5
abgeböschte Baugruben und Gräben bei feinkörnigen Böden mit mindestens steifer Konsistenz 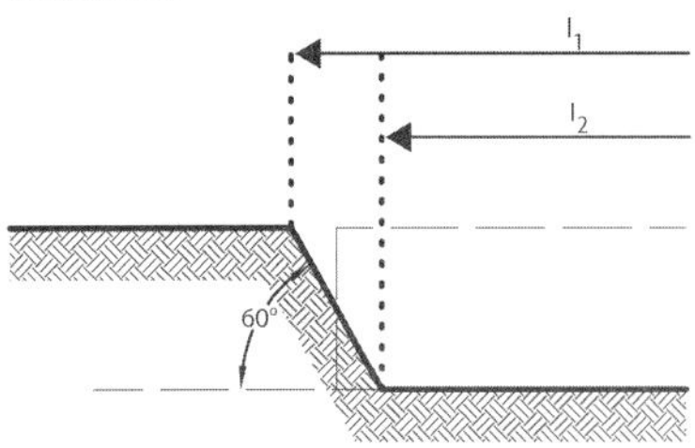 	für Böschungsraum Böschungswinkel von 60° ansetzen	5.2.5

Worum geht es?	Wie wird gerechnet/ermittelt?	ATV
abgeböschte Baugruben und Gräben bei Fels 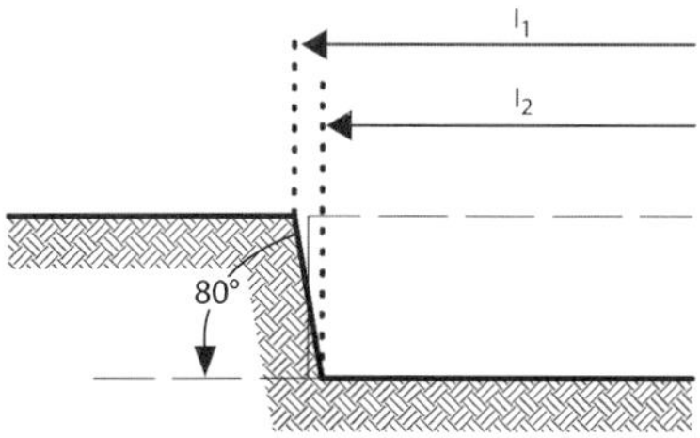 	für Böschungsraum Böschungswinkel von 80° ansetzen	5.2.5
Bermen die in Böschungen erforderlich sind	bei der Ermittlung des Böschungsraums berücksichtigen	5.2.5
Maße der Baugrubensohle 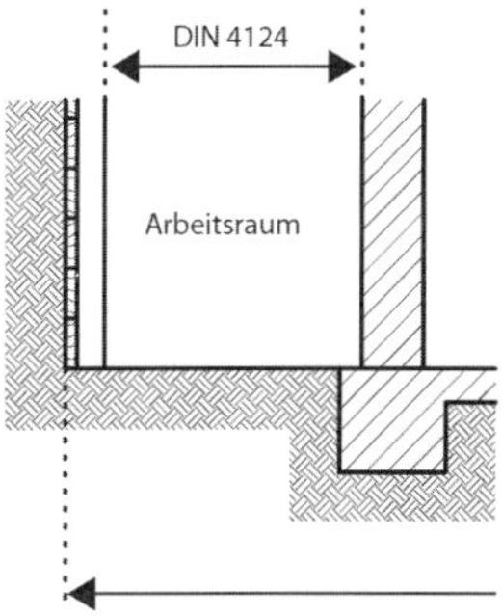 	Außenabmessungen des Baukörpers rechnen, zuzüglich Mindestbreiten betretbarer Arbeitsräume gemäß DIN 4124 und der erforderlichen Maße für Schalungskonstruktionen	5.2.6
Verbau der im Zuge des Aushubs einzubringen ist	Maße der Verbaukonstruktion ergänzend berücksichtigen	5.2.7
Außenmaß von Spundwänden	mittlere Achse ansetzen	5.2.7
Breite der Grabensohle Mindestbreite von Gräben für Entwässerungskanäle und -leitungen	gemäß DIN EN 1610 rechnen, zuzüglich der erforderlichen Maße für Schalungs- und Verbaukonstruktionen	5.2.8
Breite der Grabensohle Mindestbreite von sonstigen Gräben	gemäß DIN 4124 rechnen, zuzüglich der erforderlichen Maße für Schalungs- und Verbaukonstruktionen	5.2.8

Worum geht es?	Wie wird gerechnet/ermittelt?	ATV
Abrechnung von Reinigung freigelegter Bauteile und von freigelegtem Verbau	bearbeitete Fläche in der Abwicklung rechnen	5.2.9

Abrechnung nach Masse [kg]

Worum geht es?	Wie wird gerechnet/ermittelt?	ATV
Masse generell, außer bei Schiffsladungen	durch Wiegen nachweisen *Tipp:* *Ein rechnerischer Massennachweis ist nicht zulässig.*	5.2.10
Masse bei Schiffsladungen	durch Schiffseiche nachweisen	5.2.10

Abzugs- und Übermessungsregeln

Übermessungsregeln bei Abrechnung nach Raummaß [m^3]

Worum geht es?	Wie wird gerechnet/ermittelt?	ATV
Baukörper	mit Einzelgrößen $\leq 1\ m^3$ übermessen	5.3.1
Leitungen, Sickerkörper, Steinpackungen u.Ä.	mit einem äußeren Querschnitt $\leq 0{,}1\ m^2$ übermessen	5.3.1

Übermessungsregeln bei Abrechnung nach Flächenmaß [m^2]

Worum geht es?	Wie wird gerechnet/ermittelt?	ATV
Durchdringungen und Einbauten	mit Einzelgrößen $\leq 1\ m^2$ übermessen	5.3.2

Einzelregelungen

Keine Regelungen

ATV DIN 18303
Verbauarbeiten

Allgemeines

Worum geht es?	Wie wird gerechnet/ermittelt?	ATV
Ermittlung der Leistung	erfolgt nach Zeichnungen, wenn diese den ausgeführten Leistungen entsprechen, andernfalls nach Aufmaß	5
keine Regelungen		5.1

Ermittlung der Maße/Mengen

Abrechnung nach Flächenmaß [m²]

Worum geht es?	Wie wird gerechnet/ermittelt?	ATV
Fläche	aus den Längen und Tiefen des Verbaus berechnen	5.2.1
Länge des Verbaus 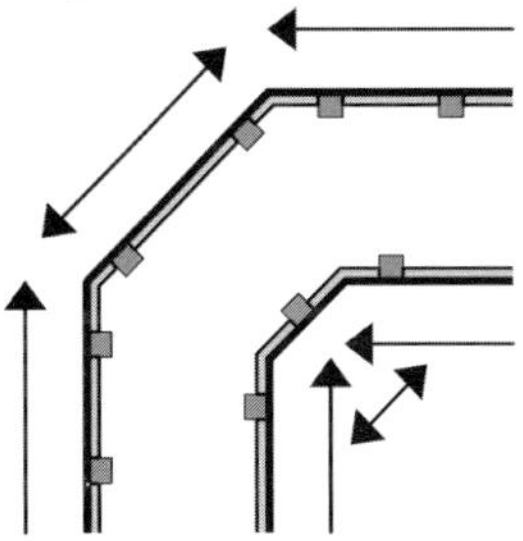	in der Verbauachse ermitteln *Tipp:* *Die Verbauachse ist die Achse des Verbaus selber und nicht z.B. die Grabenachse bei beidseitigem Grabenverbau.*	5.2.1
Höhe des Grabenverbaus nach DIN 4102:2012-01, Abschnitt 5 bis 7	von der planmäßigen Grabensohle am Verbau bis zur vorgegebenen Oberseite des Verbaus rechnen	5.2.1
Höhe des Grabenverbaus nach DIN 4102:2012-01, Abschnitt 5 bis 7 bei teilweisem Grabenverbau	von der Unterseite des Verbaus bis zur planmäßigen Oberseite des Verbaus rechnen	5.2.1

Worum geht es?	Wie wird gerechnet/ermittelt?	ATV
einbindender Kanaldielenverbau	bis zur statisch erforderlichen Einbindetiefe rechnen	5.2.1
Höhe von Spundwänden, überschnittenen und tangierenden Bohrpfahlwänden 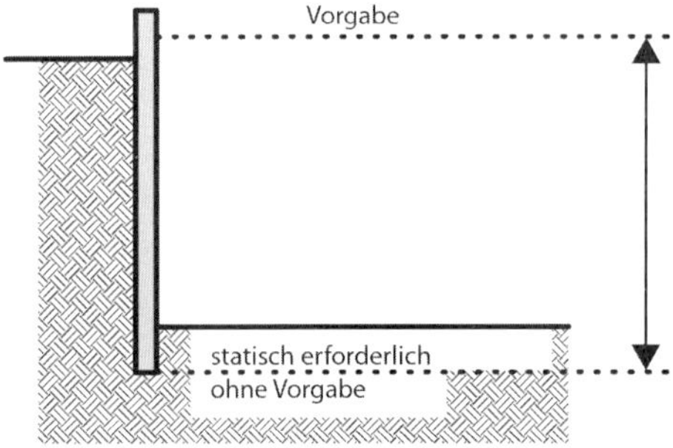 	von der Unterseite der statisch erforderlichen oder vorgegebenen Einbindetiefe bis zur vorgegebenen Oberseite des Verbaus rechnen	5.2.1
Höhe von Ausfachungen von Trägerbohlwänden, aufgelösten Pfahlwänden und Nagelwänden	von der vorgegebenen Baugrubensohle als tiefstem Punkt des jeweiligen Verbaufelds bis zur vorgegebenen Oberseite des Verbaus rechnen	5.2.1
bei fehlenden Höhenvorgaben für die Oberseite	Für die Lage des oberen Verbaurands gelten die Vorgaben gemäß DIN 4124.	5.2.1

Abrechnung nach Längenmaß [m]

Worum geht es?	Wie wird gerechnet/ermittelt?	ATV
Abrechnung von vertikalen Einzelelementen nach Längenmaß [m]	Höhe von Trägerbohlwänden und aufgelösten Pfahlwänden von der Unterseite der statisch erforderlichen oder vorgegebenen Einbindetiefe bis zur vorgegebenen Oberseite des Verbaus rechnen	5.2.2
bei fehlenden Höhenvorgaben für die Oberseite	Für die Lage des oberen Verbaurands gelten die Vorgaben gemäß DIN 4124:2012-01, Abschnitt 4.3.1.	5.2.2

Worum geht es?	Wie wird gerechnet/ermittelt?	ATV
Längen von Gurtungen und Aussteifungen	deren Achsmaß ansetzen	5.2.2
Länge von Verbauankern und Erdnägeln	von den erdseitigen Enden bis zur jeweiligen Unterfläche der Anker- oder Nagelplatte rechnen	5.2.2

Abrechnung nach Masse [kg]

Worum geht es?	Wie wird gerechnet/ermittelt?	ATV
zugrunde gelegt wird	die errechnete Masse der Stahlbauteile	5.2.3
bei genormten Profilen	nach Angaben aus DIN-Normen	5.2.3
bei anderen Profilen	nach Herstellerangaben in den Profilhandbüchern	5.2.3

Abrechnung nach Zeit

Worum geht es?	Wie wird gerechnet/ermittelt?	ATV
Vorhaltung des Verbaus	für jeden Bauabschnitt getrennt rechnen	5.2.4
Vorhaltung des Verbaus Beginn Vorhaltezeit	ab Einbautag des letzten vertikalen Tragelements	5.2.4
Vorhaltung von Grabenverbaugeräten Beginn Vorhaltezeit	ab Tag nach deren Einbau	5.2.4
Vorhaltung von Gurtungen und Aussteifungen	je Ebene im betreffenden Bauabschnitt	5.2.4
Vorhaltung von Gurtungen und Aussteifungen Beginn Vorhaltezeit	ab Fertigstellung der Gurtungen oder Aussteifungen	5.2.4
Ende Vorhaltezeit	festgesetzter Zeitpunkt zum Rückbau durch den Auftraggeber frühestens drei Werktage nach Eingang der Freigabemitteilung beim Auftragnehmer	5.2.4

Abzugs- und Übermessungsregeln

Übermessungsregeln bei Abrechnung nach Flächenmaß [m²]

Worum geht es?	Wie wird gerechnet/ ermittelt?	ATV
Aussparungen für Leitungen u.Ä.	bis 1 m^2 übermessen	5.3
bei der Längenermittlung in der Verbauachse	Träger, Pfähle u.Ä. übermessen	5.3

Einzelregelungen

Keine Regelungen

ATV DIN 18305 Wasserhaltungsarbeiten

Allgemeines

Worum geht es?	Wie wird gerechnet/ermittelt?	ATV
Ermittlung der Leistung	erfolgt nach Zeichnungen, wenn diese den ausgeführten Leistungen entsprechen, andernfalls nach Aufmaß	5

Ermittlung der Maße/Mengen

Abrechnung nach Längenmaß [m]

Worum geht es?	Wie wird gerechnet/ermittelt?	ATV
Rohrleitungen einschließlich Zubehör (Bögen, Form-, Pass- und Verbindungsstücke etc.) 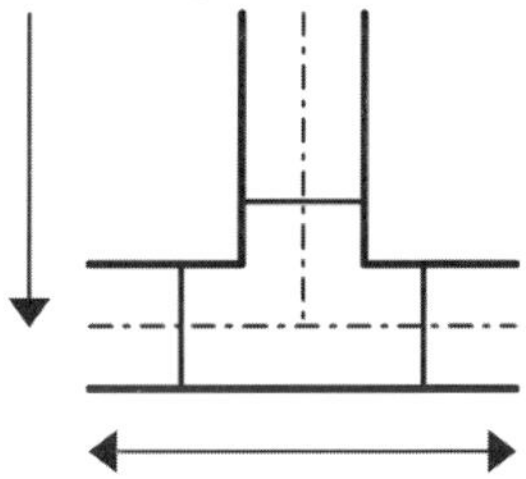	in der Mittelachse messen *Tipp:* *Eine gesonderte Abrechnung von Zubehör ist nicht vorgesehen.*	5.2
Rohrbögen 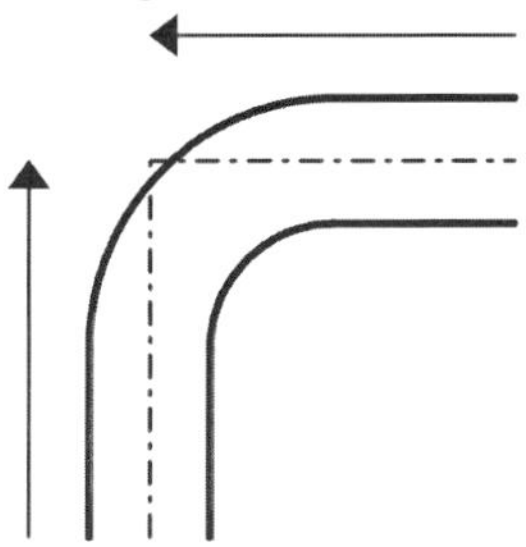	bis zum Schnittpunkt der Mittelachse messen, d.h. nicht im Verlauf der gebogenen Mittelachse	5.2

Einzelregelungen

Abrechnung nach Zeit

Worum geht es?	Wie wird gerechnet/ermittelt?	ATV
angefangene Tage	immer als volle Tage rechnen	5.4
angefangene Stunden	immer als volle Stunden rechnen	5.4

ATV DIN 18308
Drän- und Versickerarbeiten

Allgemeines

Worum geht es?	Wie wird gerechnet/ermittelt?	ATV
Ermittlung der Leistung	erfolgt nach Zeichnungen, wenn diese den ausgeführten Leistungen entsprechen, andernfalls nach Aufmaß	5

Ermittlung der Maße/Mengen

Abrechnung nach Längenmaß [m]

Worum geht es?	Wie wird gerechnet/ermittelt?	ATV
Drän- und Versickerungsanlagen 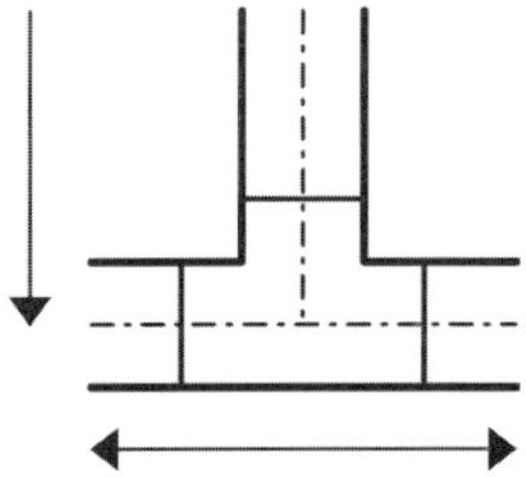	Längen entlang der Mittelachse der Bauteile messen, dabei Formstücke übermessen und separat rechnen	5.2

Abzugs- und Übermessungsregeln

Übermessungsregeln bei Abrechnung nach Raummaß [m³]

Worum geht es?	Wie wird gerechnet/ermittelt?	ATV
Rohre und Bauteile	mit einer mittleren Querschnittsfläche von bis zu einschließlich 0,1 m^2 übermessen	5.3.1

Übermessungsregeln bei Abrechnung nach Flächenmaß [m^2]

Um was geht es?	Wie wird gerechnet/ermittelt?	ATV
Aussparungen aufgrund von Einbauten u.Ä.	mit Einzelgrößen ≤ 1 m^2 übermessen	5.3.2

Übermessungsregeln bei Abrechnung nach Längenmaß [m]

Worum geht es?	Wie wird gerechnet/ermittelt?	ATV
Schächte	mit Nennweiten von ≤ 1 m übermessen	5.3.3

Einzelregelungen

Keine Regelungen

ATV DIN 18318 Verkehrswegebauarbeiten – Pflasterdecken und Plattenbeläge in ungebundener Ausführung, Einfassungen

Allgemeines

Worum geht es?	Wie wird gerechnet/ermittelt?	ATV
Ermittlung der Leistung	erfolgt nach Zeichnungen, wenn diese den ausgeführten Leistungen entsprechen, andernfalls nach Aufmaß	5

Ermittlung der Maße/Mengen

Abrechnung nach Flächenmaß [m²]

Worum geht es?	Wie wird gerechnet/ermittelt?	ATV
Entfernen von Fugenfüll- und Bettungsstoffen bei aufgenommenen Pflasterdecken und Plattenbelägen 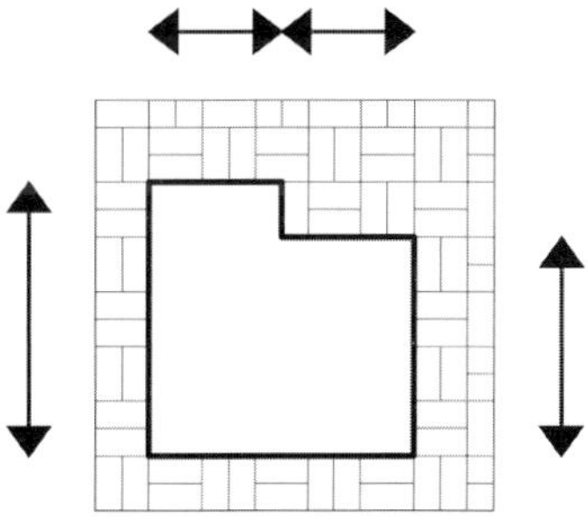	nach der Fläche der aufgenommenen Pflasterdecke bzw. des aufgenommenen Pflasterbelags rechnen	5.2.1
Fugenverguss und Fugenfüllung von Pflasterdecken und Plattenbelägen	nach der Fläche des Belags oder der Decke abrechnen	5.2.3

Abrechnung nach Längenmaß [m]

Worum geht es?	Wie wird gerechnet/ermittelt?	ATV
Zuarbeiten, Verhau oder Schneiden von Platten und Pflastersteinen 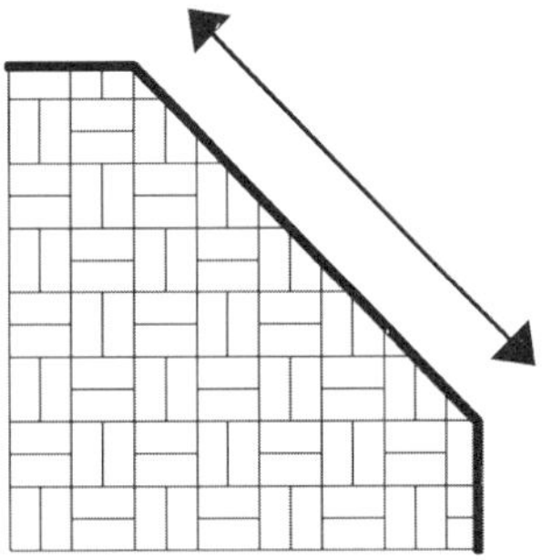	nach der Länge der Fuge zwischen Belag oder Decke und angrenzenden Flächen, Bauteilen oder Einfassung abrechnen	5.2.2
Länge von Einfassungen 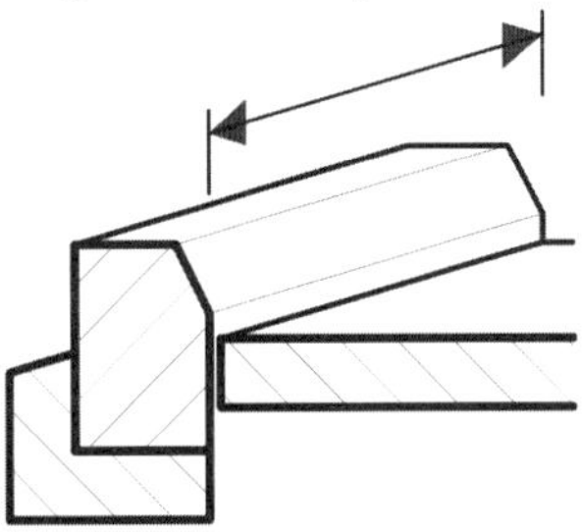	an Vorderseite der Bord- oder Einfassungssteine messen *Tipp:* *Als Vorderseite bei Bordsteinen gilt die der Verkehrsfläche, bei Einfassungen die der befestigten Fläche zugewandte Seite.*	5.2.4
Länge von Fundamenten mit und ohne Rückenstütze	an Vorderseite der Bord- oder Einfassungssteine messen	5.2.4
Nacharbeiten und Aufarbeiten von Bordsteinen von Schnurkanten, vorhandenen Anläufen (Fasen) oder Trittflächen von Bordsteinen 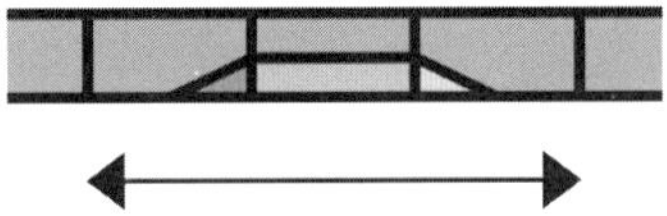	nach Länge der bearbeiteten Bordsteine abrechnen	5.2.5

Abzugs- und Übermessungsregeln

Übermessungsregeln

Worum geht es?	Wie wird gerechnet/ermittelt?	ATV
Fugen als Randfugen zwischen Pflasterdecke oder Plattenbelag und Einfassung, z.B. Bordstein, Schiene 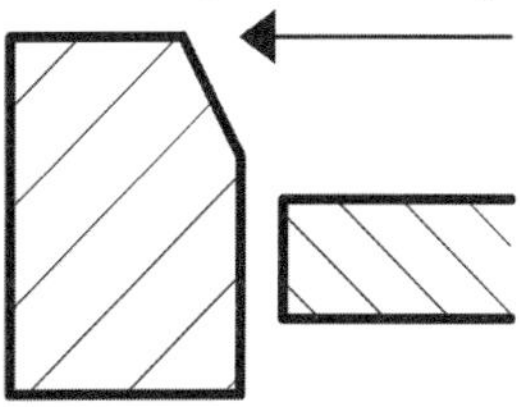	übermessen	5.3
Fugen innerhalb der Pflasterdecke oder des Plattenbelags	übermessen	5.3
Fugen als Stoßfugen zwischen Bordsteinen oder Einfassungssteinen	übermessen	5.3
Schienen wenn beidseits der Schienen eine gleichartige Pflasterdecke bzw. ein gleichartiger Plattenbelag herangeführt ist	übermessen	5.3
Aussparungen oder Einbauten, die in der befestigten Fläche liegen oder in sie hineinragen z.B. Schächte, Schieber, Maste, Stufen	bis einschließlich 1 m^2 Einzelgröße übermessen	5.3
Aussparungen oder Einbauten	Einzelgröße ≤ 1 m^2 übermessen	5.3
Aussparungen oder Einbauten in Entwässerungsrinnen oder Einfassungen	Einzellänge ≤ 1 m übermessen	5.3

Einzelregelungen

Worum geht es?	Wie wird gerechnet/ermittelt?	ATV
Einzelflächen unter 0,5 m^2	mit der Menge 0,5 m^2 abrechnen	5.4.1
Aussparungen oder Einbauten, die in verschiedenartigen Befestigungen liegen bei Abrechnung nach Flächenmaß	über 1 m^2 Einzelgröße anteilig abziehen	5.4.2

ATV DIN 18320 Landschaftsbauarbeiten

Allgemeines

Worum geht es?	Wie wird gerechnet/ermittelt?	ATV
Ermittlung der Leistung	erfolgt nach Zeichnungen, wenn diese den ausgeführten Leistungen entspricht, andernfalls nach Aufmaß	5
zugrunde gelegt werden gleichgültig, ob die Leistungsermittlung nach Zeichnung oder Aufmaß erfolgt	Maße der bearbeiteten oder hergestellten Flächen	5.1.1
vereinfachende Regeln Übermessungs- und Einzelregelungen	bei der Ermittlung der Leistungen anwenden	5.1.1

Ermittlung der Maße/Mengen

Abrechnung nach Längenmaß [m], Flächenmaß [m^2] und Raummaß [m^3]

Worum geht es?	Wie wird gerechnet/ermittelt?	ATV
Maßermittlung	größte Bauteilmaße rechnen, ggf. in der Abwicklung	5.2.1
Mengenermittlung 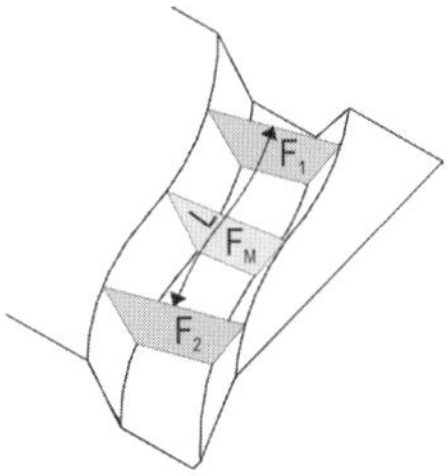	Näherungsverfahren dürfen verwendet werden. *Tipp:* *Wenn im Leistungsverzeichnis keine Verfahren vorgeschrieben sind, sind anerkannte Verfahren aus der Geometrie zur näherungsweisen Ermittlung des Rauminhalts oder der Oberfläche von unregelmäßigen Körpern anzuwenden.*	5.2.2

Worum geht es?	Wie wird gerechnet/ermittelt?	ATV
bei Abrechnung von Pflegemaßnahmen an Dachbegrünungen 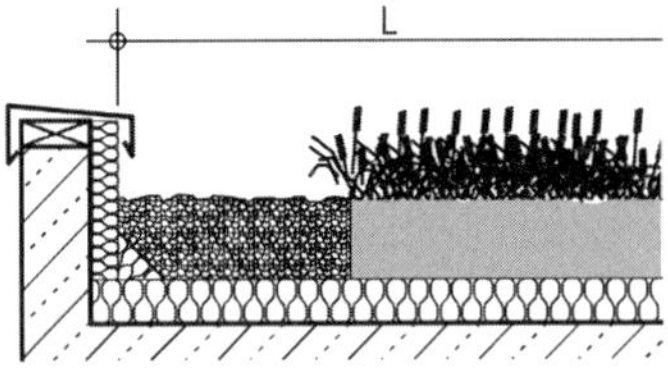	Vegetationsfläche einschließlich Randstreifen, falls vorhanden, rechnen	5.2.3
entnommene Mengen	an der Entnahmestelle ermitteln	5.2.4
Bodenlager	direkt nach Herstellung messen	5.2.5
eingebaute Mengen	immer im fertigen Zustand rechnen	5.2.6
zu rodende Gehölze	vor dem Roden ermitteln	5.2.8
zu fällende Gehölze	vor dem Fällen ermitteln	5.2.8
Sträucher 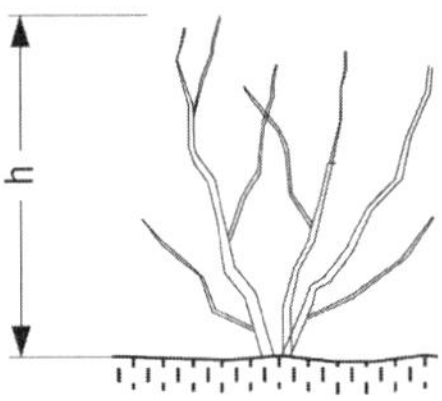	getrennt nach Höhe abrechnen	5.2.8

Worum geht es?	Wie wird gerechnet/ermittelt?	ATV
Bäume 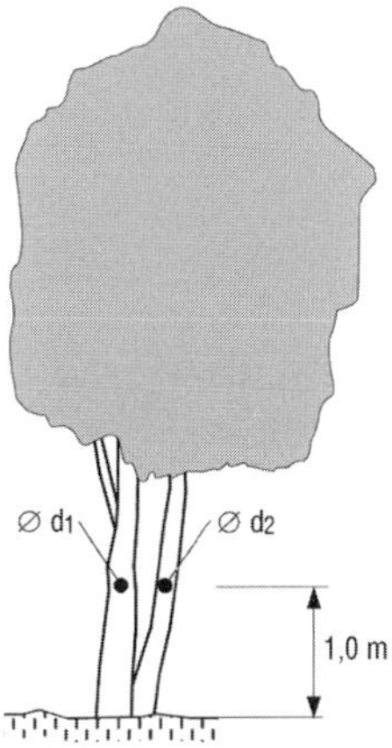	getrennt nach Stammdurchmesser abrechnen, der in 1 m Höhe über dem Gelände ermittelt wird	5.2.8
Stammdurchmesser mehrstämmige Bäume	Summe der Durchmesser der einzelnen Stämme rechnen	5.2.8
Schnitt von Hecken 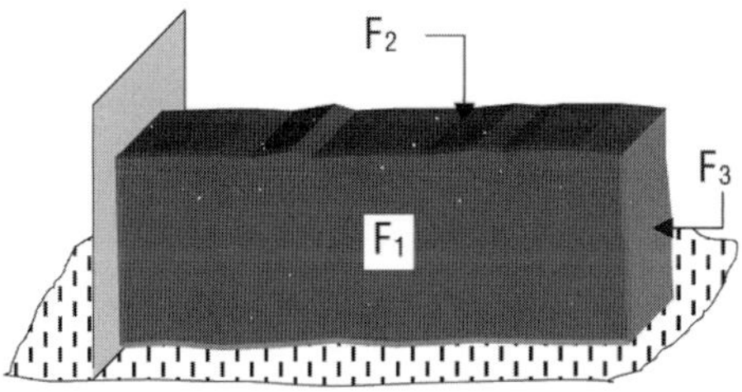	bearbeitete Fläche ermitteln *Tipp:* *Es gelten die Flächen nach dem Schnitt.*	5.2.9

Abrechnung nach Masse [kg]

Worum geht es?	Wie wird gerechnet/ermittelt?	ATV
Masse generell, außer bei Schiffsladungen	durch Wiegen ermitteln	5.2.7
Masse bei Schiffsladungen	durch Schiffseiche ermitteln	5.2.7

Abzugs- und Übermessungsregeln

Übermessungsregeln bei Abrechnung nach Raummaß [m³]

Worum geht es?	Wie wird gerechnet/ermittelt?	ATV
Raumkörper z.B. Wurzelballen, Lichtschächte o.Ä.	≤ 0,5 m³ Einzelgröße übermessen	5.3.1

Übermessungsregeln bei Abrechnung nach Flächenmaß [m²]

Worum geht es?	Wie wird gerechnet/ermittelt?	ATV
Aussparungen bei Nass- und Trockensaaten nach DIN 18918 z.B. Felsflächen, Bauwerke u.Ä. 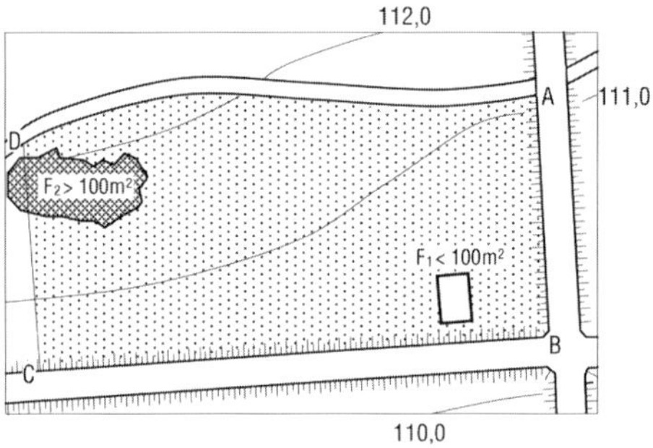	≤ 100 m² Einzelfläche übermessen	5.3.2

Worum geht es?	Wie wird gerechnet/ermittelt?	ATV
Aussparungen bei sonstigen Flächen z.B. Bäume, Baumscheiben, Stützen, Einläufe, Felsnasen, Schrittplatten 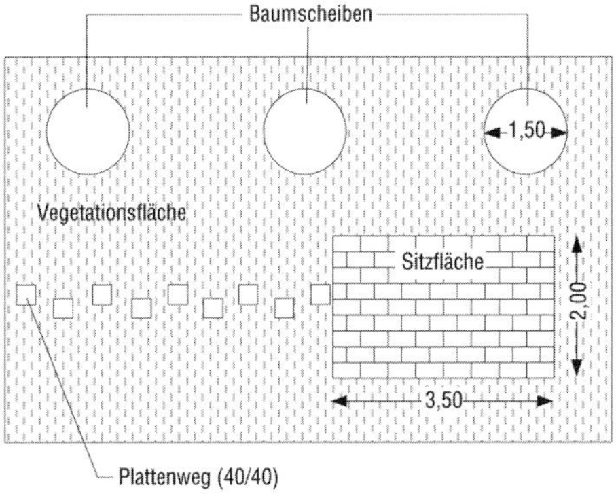 	≤ 2,5 m^2 Einzelfläche übermessen	5.3.2
Schienen bei denen an beiden Seiten gleichartige Oberflächen vorliegen	übermessen	5.3.2

Übermessungsregeln bei Abrechnung nach Längenmaß [m]

Worum geht es?	Wie wird gerechnet/ermittelt?	ATV
Unterbrechungen 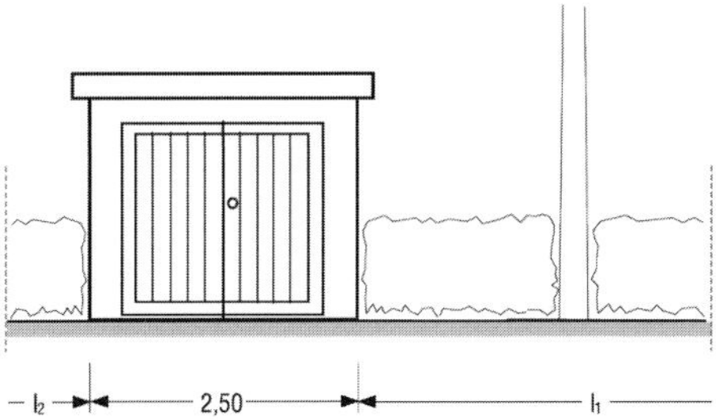 	bis einschließlich 1 m Einzellänge übermessen	5.3.3

Übermessungsregeln bei Abrechnung nach Anzahl [St]

Worum geht es?	Wie wird gerechnet/ermittelt?	ATV
Ausfälle bei Flächenpflanzungen z.B. aus bodendeckenden Stauden und Gehölzen, leichten Sträuchern, Heistern u.Ä.	bis zu einschließlich 5 % übermessen	5.3.4

Einzelregelungen

Keine Regelungen

ATV DIN 18330 Mauerarbeiten

Allgemeines

Worum geht es?	Wie wird gerechnet/ermittelt?	ATV
Ermittlung der Leistung	erfolgt nach Zeichnungen, wenn diese den ausgeführten Leistungen entsprechen, andernfalls nach Aufmaß	5
zugrunde gelegt werden gleichgültig, ob die Leistungsermittlung nach Zeichnung oder Aufmaß erfolgt		5.1
bei Bauteilen aus Mauerwerk 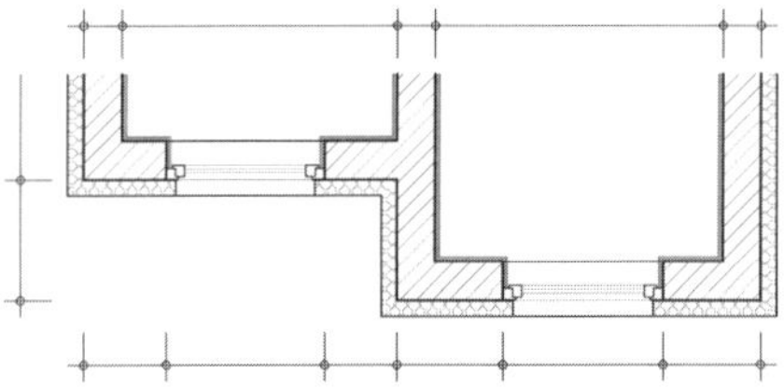	Maße des Mauerwerks	5.1
bei Fassaden mit mehrschaligem Aufbau sowohl für das Sicht- oder Verblendmauerwerk als auch für die Dämmschicht zwischen den Schalen 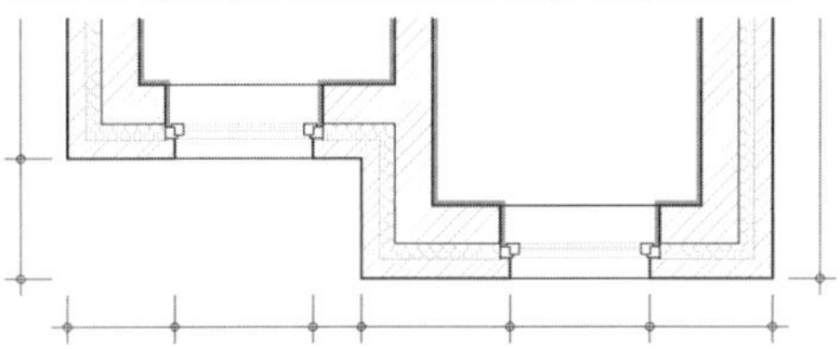	Maße der Außenseite der Außenschale	5.1

Worum geht es?	Wie wird gerechnet/ermittelt?	ATV
bei nachträglicher Verfugung 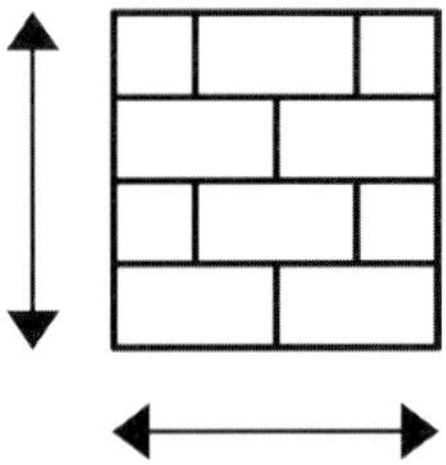	Maße der zu verfugenden Fläche	5.1
bei Bodenbelägen 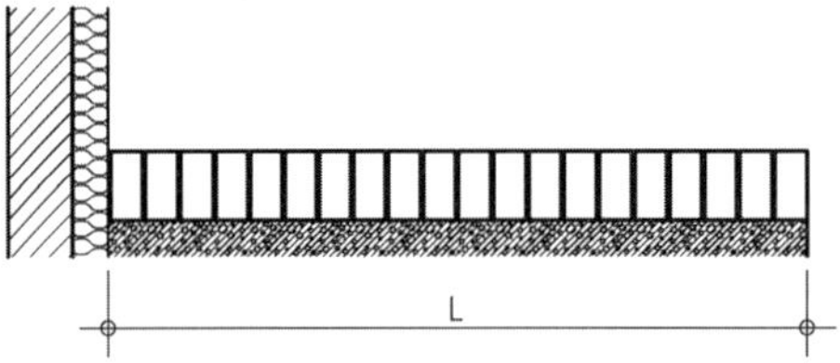	Maße der Bodenbeläge	5.1
vereinfachende Regeln Übermessungs- und Einzelregelungen	bei der Ermittlung der Leistungen anwenden	5.1

Ermittlung der Maße/Mengen

Abrechnung nach Flächenmaß [m²]

Worum geht es?	Wie wird gerechnet/ermittelt?	ATV
Wandmauerwerk 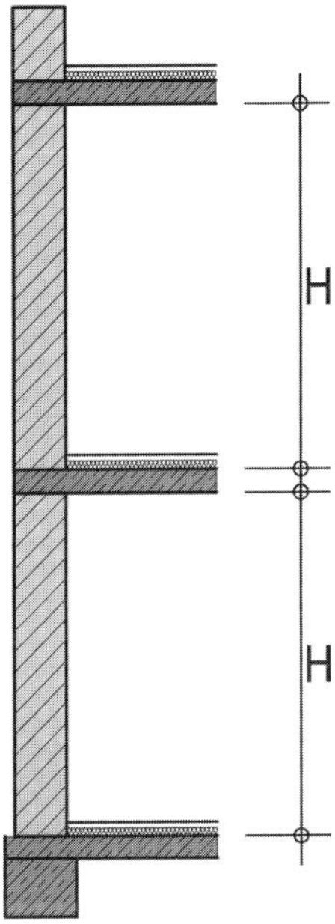	von Oberseite Rohdecke bis Unterseite Rohdecke rechnen	5.2.1

Worum geht es?	Wie wird gerechnet/ermittelt?	ATV
Höhe von Mauerwerk mit oben abgeschrägtem Querschnitt 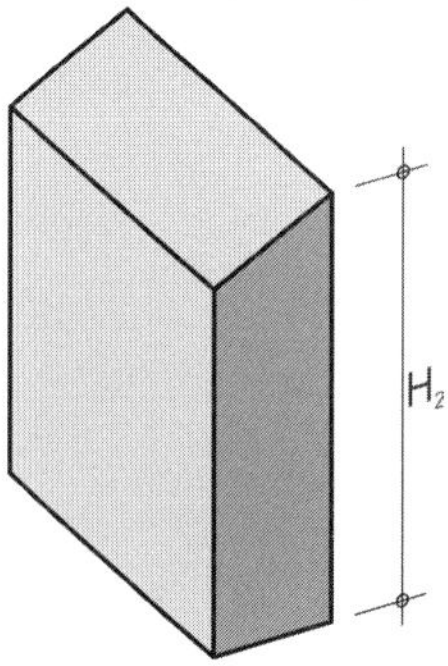 	auf der höheren Seite messen	5.2.2
Wanddurchdringungen mit gleicher Wandstärke 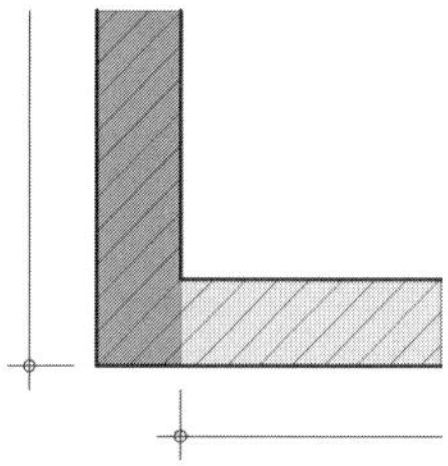	nur eine Wand durchgehend berücksichtigen	5.2.3

Worum geht es?	Wie wird gerechnet/ermittelt?	ATV
Wanddurchdringungen mit ungleicher Wandstärke 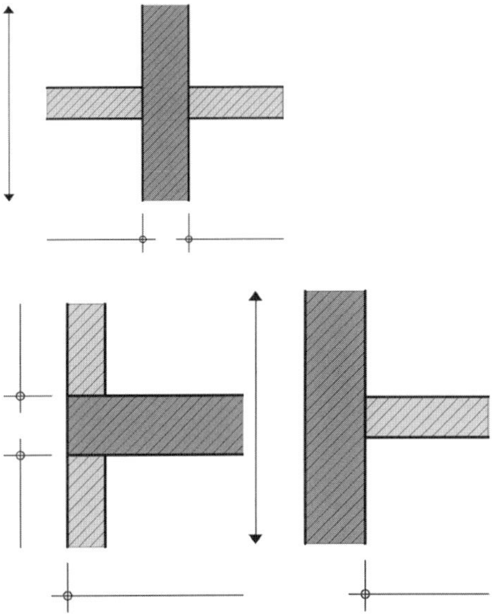	nur dickere Wand durchgehend berücksichtigen	5.2.3
Gewölbe 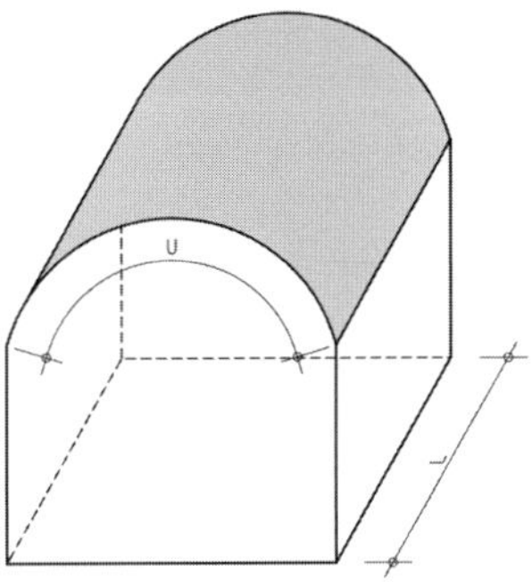 	Abwicklung der Gewölbeuntersicht ermitteln	5.2.4

<table>
<tr><th>Worum geht es?</th><th>Wie wird gerechnet/ermittelt?</th><th>ATV</th></tr>
<tr><td>Schornsteine
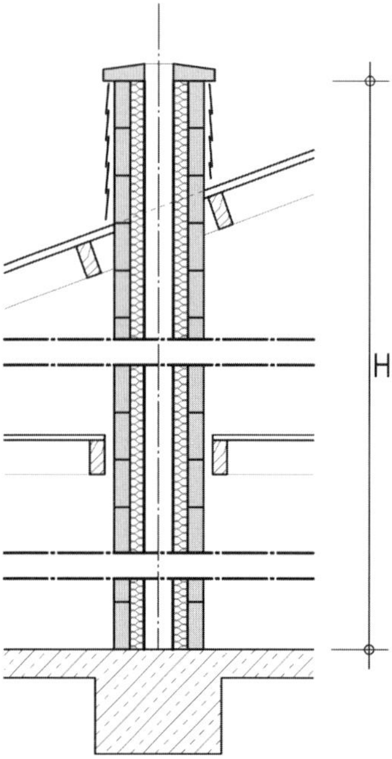
</td><td>in ihrer Achse messen</td><td>5.2.6</td></tr>
<tr><td>Aussparung
die anteilig in angrenzende, getrennt zu rechnende Flächen einbindet
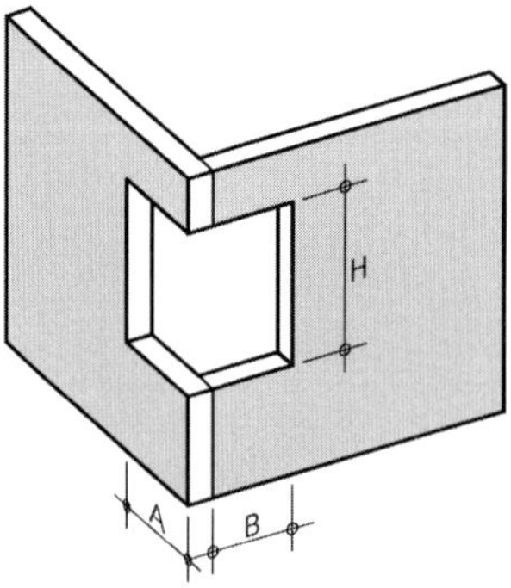
</td><td>die jeweils anteilige Aussparungsfläche rechnen</td><td>5.2.7</td></tr>
</table>

Worum geht es?	Wie wird gerechnet/ermittelt?	ATV
Aussparung unmittelbar zusammenhängende, verschiedenartige Aussparungen z.B. Öffnung mit angrenzender Nische 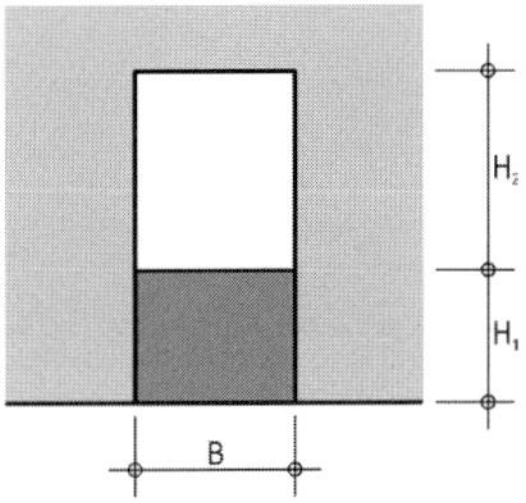	getrennt rechnen	5.2.8

Abrechnung nach Längenmaß [m]

Worum geht es?	Wie wird gerechnet/ermittelt?	ATV
■ Laibungen bei Sicht- und Verblendmauerwerk ■ Sohlbänke, Gesimse ■ Bänder ■ Stürze, Überwölbungen, Entlastungsbögen  ■ Auskragungen ■ Rollschichten, Mauerwerksschrägen ■ gemauerte Stufen u.Ä.	in der größten Länge des Bauteils messen	5.2.5

Worum geht es?	Wie wird gerechnet/ermittelt?	ATV
Abfangungen für Mauerwerksschalen 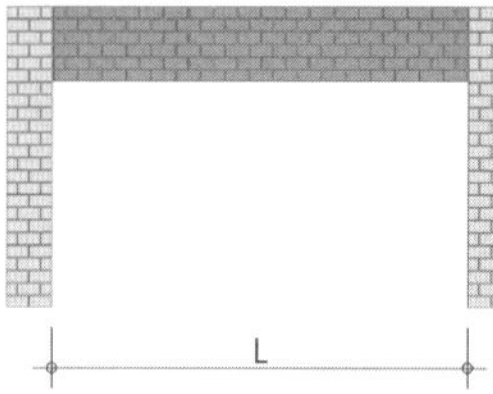	in der größten Länge des (abgefangenen) Bauteils messen	5.2.5

Abzugs- und Übermessungsregeln

Übermessungsregeln bei Abrechnung nach Flächenmaß [m^2]

Worum geht es?	Wie wird gerechnet/ermittelt?	ATV
Fugen	übermessen *Tipp:* *Ausgenommen davon ist die nachträgliche Verfugung (s.o.).*	5.3.1
Stürze, Rollladenkästen, Überwölbungen und Entlastungsbögen	übermessen	5.3.1
Aussparungen wie Öffnungen, Nischen und Durchdringungen, auch raumhoch z.B. von Decken- und Kragplatten 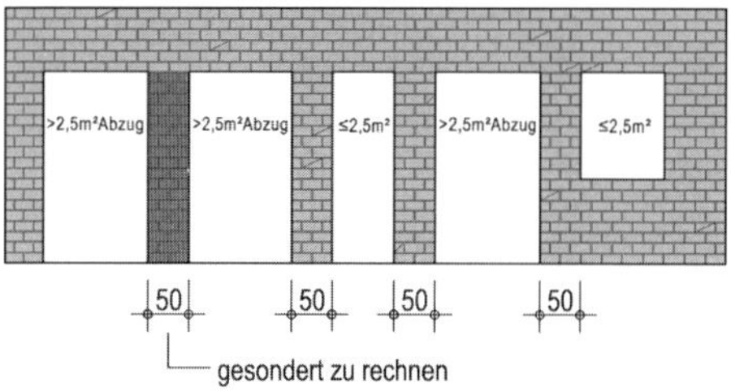	≤ 2,5 m^2 Einzelgröße übermessen, es gelten die jeweils kleinsten Maße der Aussparung	5.3.1
Aussparungen in Bodenbelägen aus Flach- oder Rollschichten	≤ 0,5 m^2 Einzelgröße übermessen	5.3.1

Worum geht es?	Wie wird gerechnet/ermittelt?	ATV
Unterbrechungen der Mauerwerksfläche durch stabartige Bauteile, z.B. Stützen, Fachwerkteile, Vorlagen 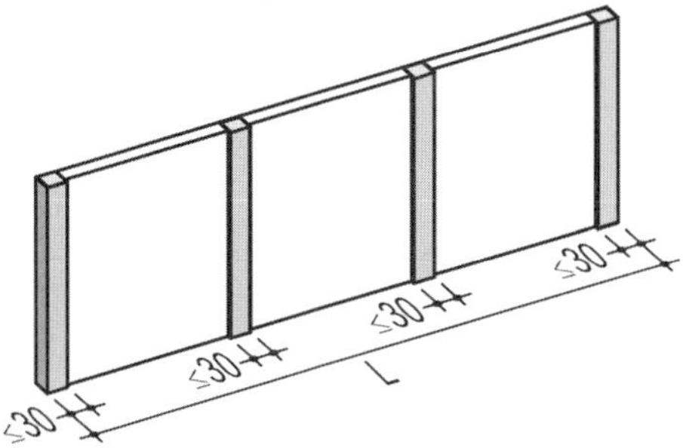	≤ 30 cm Einzelbreite übermessen	5.3.1

Übermessungsregeln bei Abrechnung nach Längenmaß [m]

Worum geht es?	Wie wird gerechnet/ermittelt?	ATV
Unterbrechungen	≤ 1 m Einzellänge übermessen	5.3.2

Einzelregelungen

Worum geht es?	Wie wird gerechnet/ermittelt?	ATV
Bewehrungsstahl, generell	Masse nach Stahllisten abrechnen	5.4.1
Bewehrungsstahl, genormte Profilstähle	Masse nach DIN-Normen ermitteln	5.4.1
Bewehrungsstahl, andere Stähle	Masse nach Profilbuch des Herstellers ermitteln	5.4.1

Worum geht es?	Wie wird gerechnet/ermittelt?	ATV
Tür- und Fensterpfeiler im Wandmauerwerk ≤ 50 cm Breite und wenn beide Öffnungen, die durch den Pfeiler getrennt werden, nach Abschnitt 5.3.1 nicht übermessen werden 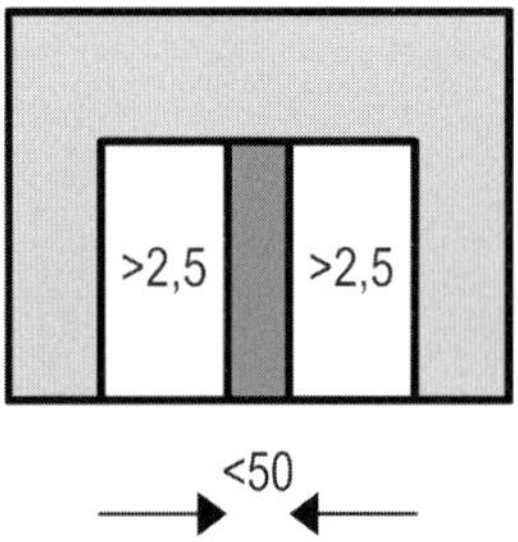 	gesondert rechnen *Tipp:* *Wenn ein Pfeiler gesondert abgerechnet wird, soll dadurch der Mehraufwand des Pfeilers gegenüber dem Mauern der Wandfläche vergütet werden. Wenn mindestens eine der Öffnungen übermessen wird, erfolgt keine gesonderte Abrechnung.*	5.4.2
Tür- und Fensterpfeiler im Wandmauerwerk ab 50 cm Breite	als Wandmauerwerk rechnen	5.4.2

ATV DIN 18331
Betonarbeiten

Allgemeines

Worum geht es?	Wie wird gerechnet/ermittelt?	ATV
Ermittlung der Leistung	erfolgt nach Zeichnungen, wenn diese den ausgeführten Leistungen entsprechen, andernfalls nach Aufmaß	5
zugrunde gelegt werden bei Betonarbeiten gleichgültig, ob die Leistungsermittlung nach Zeichnung oder Aufmaß erfolgt		5.1.1
bei Bauteilen aus Beton 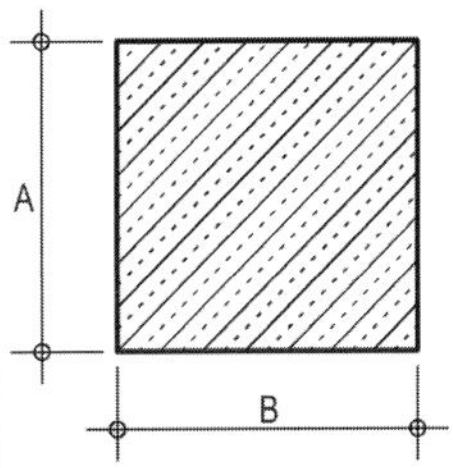 	Maße dieser Bauteile	5.1.1
bei Bauteilen mit werksteinmäßiger Bearbeitung 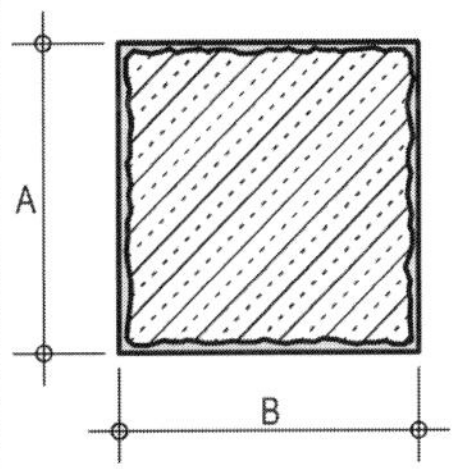 	Maße der Bauteile **vor** der Bearbeitung *Tipp:* *Maße des Rohblocks*	5.1.1
bei Oberflächen die besonders bearbeitet oder strukturiert werden 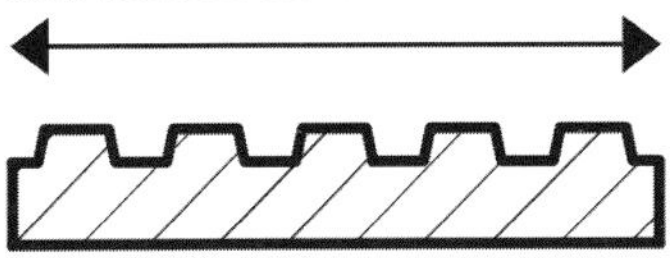	Maße der besonders bearbeiteten Flächen	5.1.1

Worum geht es?	Wie wird gerechnet/ermittelt?	ATV
vereinfachende Regeln Übermessungs- und Einzelregelungen	bei der Ermittlung der Leistungen anwenden	5.1.1
Ermittlung der Leistung	erfolgt gemäß Bauteildefinitionen nach Tabelle A.1 bis Bild 3 der Norm	5.1.1
Definition Balken und Platten gemäß Bild 1 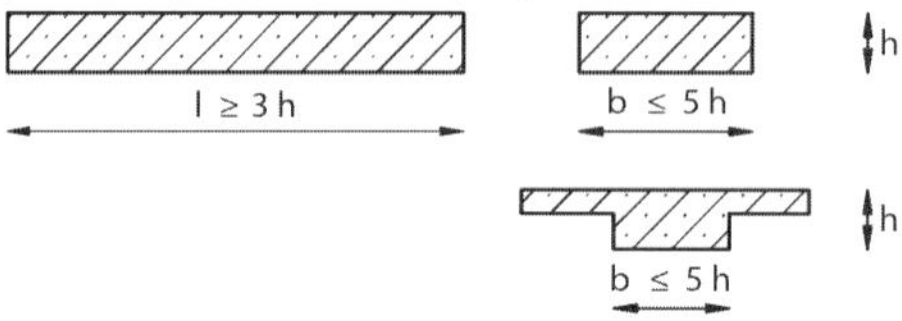 	Balken sind stabförmige Bauteile, die vorwiegend auf Biegung beansprucht werden. Stützweite: mindestens dreifache Querschnittshöhe, Querschnittshöhe bzw. Stegbreite: höchstens fünffache Querschnittshöhe. Bei größeren Breiten spricht man von Platten.	5.1.1 bzw. Tabelle A.1
Definition Stützen und Wände gemäß Bild 2 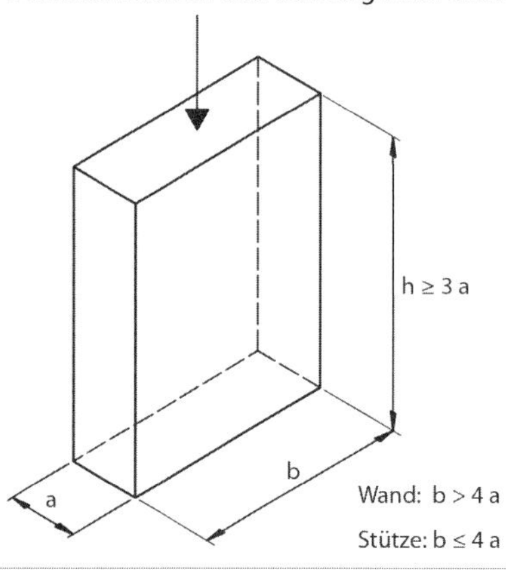 	Stützen sind stabförmige Druckglieder, bei denen die größte Querschnittsabmessung das Vierfache der kleineren nicht übersteigen darf. Zusätzlich muss die Gesamthöhe mindestens das Dreifache der kleineren Querschnittsabmessung betragen. Bei größeren Breiten spricht man von Wänden.	5.1.1 bzw. Tabelle A.1

Worum geht es?	Wie wird gerechnet/ermittelt?	ATV
Definition wandartige Träger gemäß Bild 3 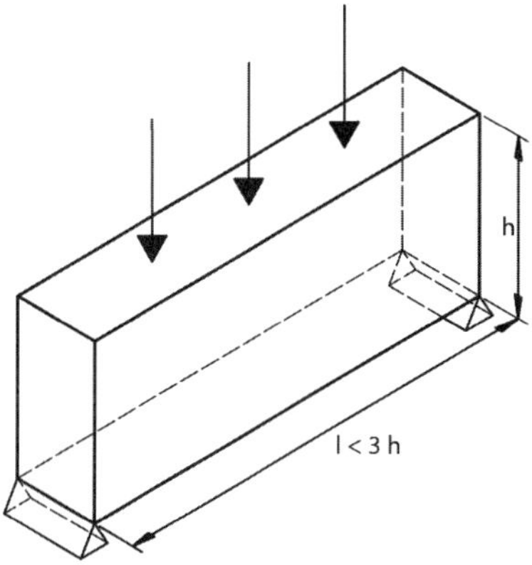 	Wandartige Träger sind ebene, scheibenartige Bauteile, die vorwiegend durch Kräfte parallel zur Mittelachse auf Biegung beansprucht werden. Die Stützweite muss weniger als das Dreifache der Querschnittshöhe betragen.	5.1.1 bzw. Tabelle A.1

Ermittlung der Maße/Mengen

Abrechnung von Betonarbeiten

Worum geht es?	Wie wird gerechnet/ermittelt?	ATV
Bauteile mit abgeschrägter oder profilierter Kopffläche (Stirnfläche) im Querschnitt z.B. Bauteile mit Ausklinkungen für Deckenauflager, Attiken mit geneigter Oberseite u.Ä. 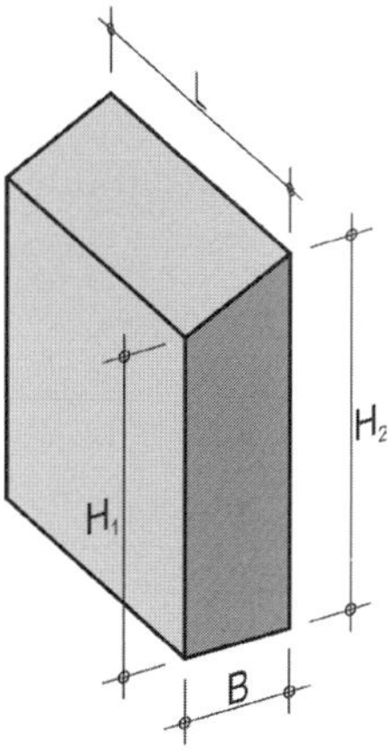 	mit den Maßen ihrer größeren Ansichtsfläche rechnen	5.1.2.1

Worum geht es?	Wie wird gerechnet/ermittelt?	ATV
geneigt liegende oder gebogene Decken 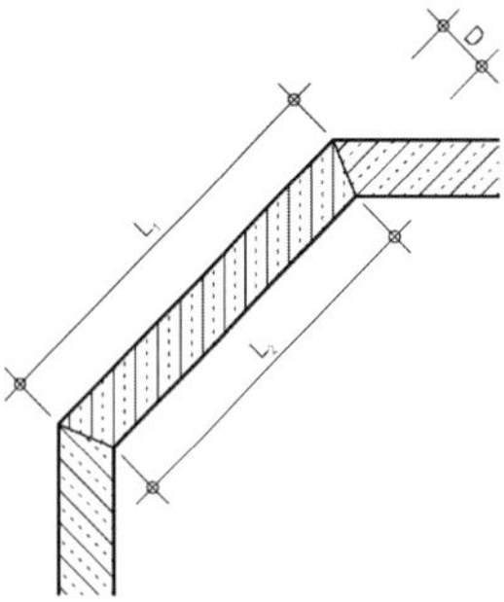	mit ihren tatsächlichen Maßen abrechnen	5.1.2.2
Decken und Auskragungen 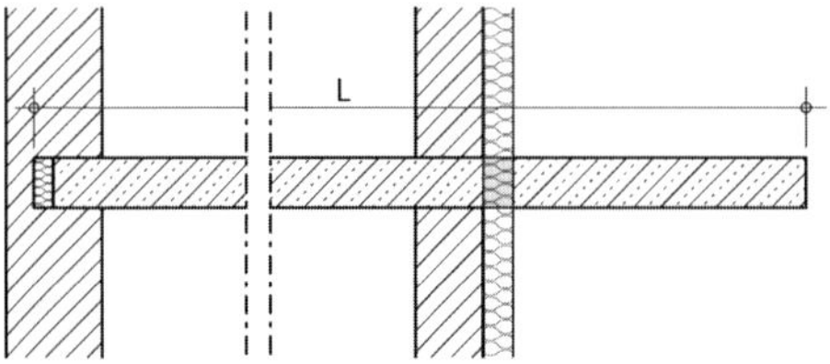	zwischen den äußeren Begrenzungsflächen der Decken abrechnen	5.1.2.3
Betonbauteile die durch planmäßige Betonfugen oder in anderer Art baulich voneinander getrennt sind 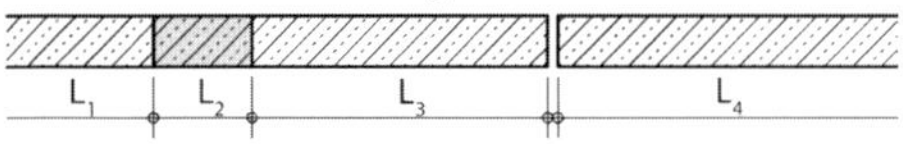	jedes Bauteil mit den tatsächlichen Maßen abrechnen *Tipp:* *gilt auch bei Bauteilen unterschiedlicher Betongüte*	5.1.2.4
Durchdringungen bei Wänden gleicher Dicke 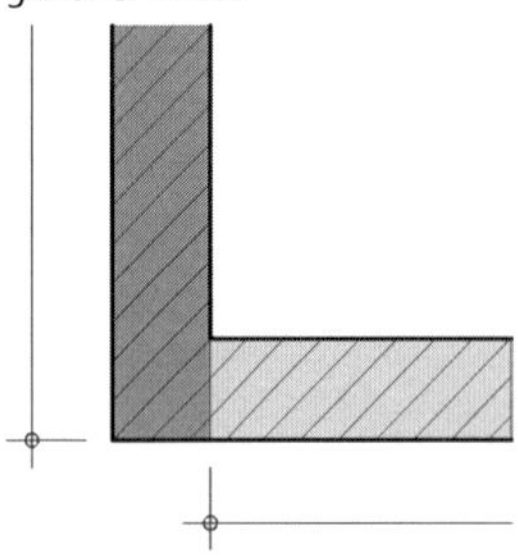	nur eine Wand durchrechnen	5.1.2.5

Worum geht es?	Wie wird gerechnet/ermittelt?	ATV
Durchdringen bei Wänden ungleicher Dicke 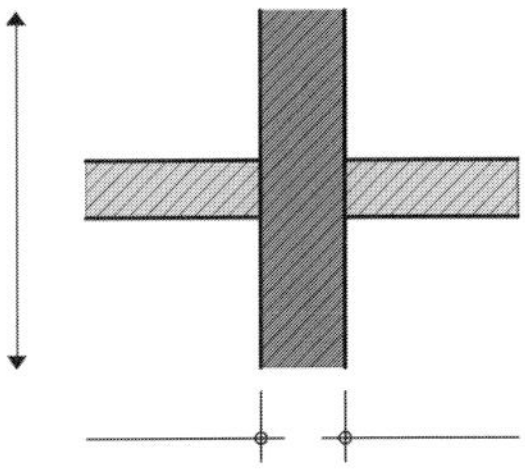	dickere Wand durchrechnen	5.1.2.5
Durchdringungen bei Unterzügen und Balken	nur einen Unterzug bzw. Balken durchrechnen	5.1.2.5
Durchdringungen bei Unterzügen und Balken bei ungleicher Höhe 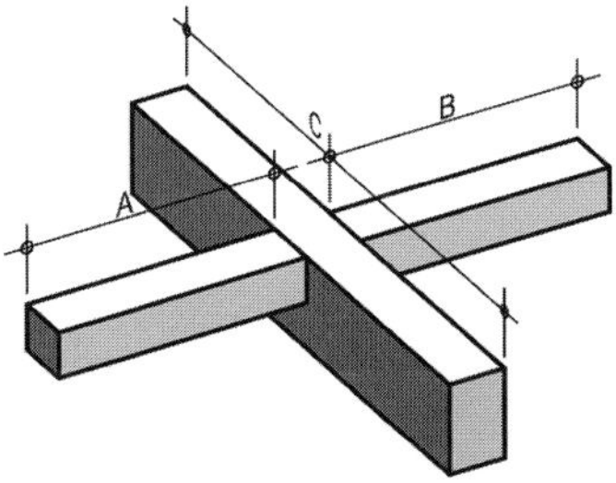	höheren durchrechnen	5.1.2.5
Durchdringungen bei Unterzügen und Balken bei gleicher Höhe 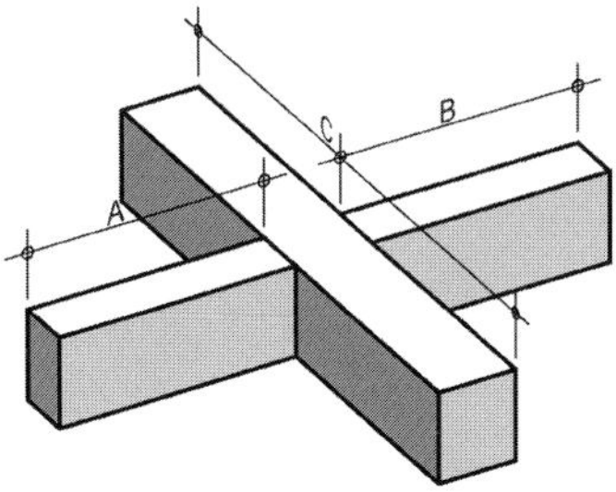	breiteren durchrechnen	5.1.2.5

Worum geht es?	Wie wird gerechnet/ermittelt?	ATV
Einbindungen bei Wänden, Pfeilervorlagen und Stützen in Decken 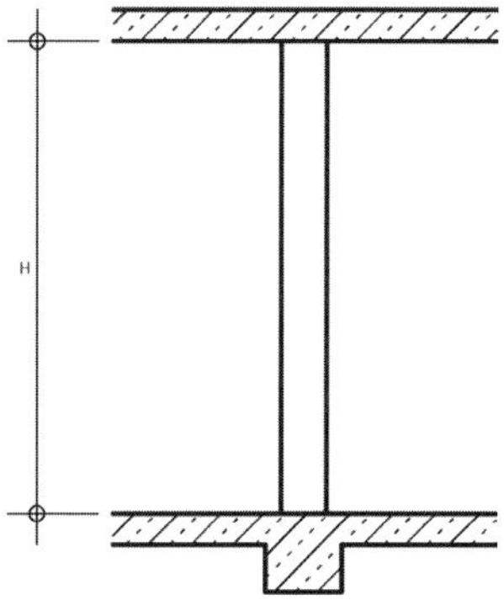 	Höhe jeweils von Oberseite Rohdecke (oder Fundament) bis Unterseite der darüberliegenden Rohdecke rechnen	5.1.2.6
Einbindungen von Unterzügen oder Balken in Wände 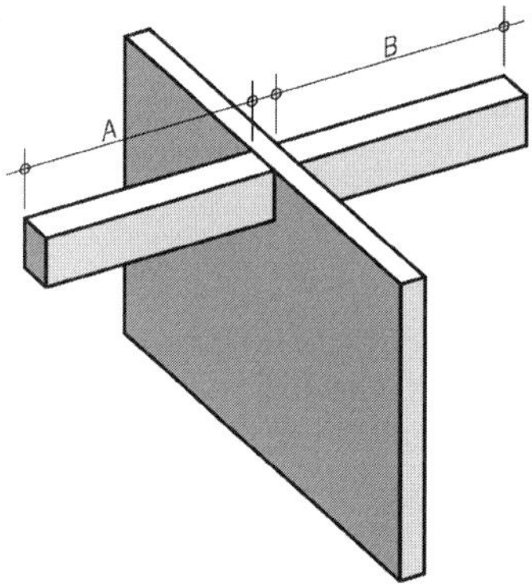 	Wände durchrechnen	5.1.2.6

Worum geht es?	Wie wird gerechnet/ermittelt?	ATV
Einbindungen von Stützen in Unterzüge oder Balken 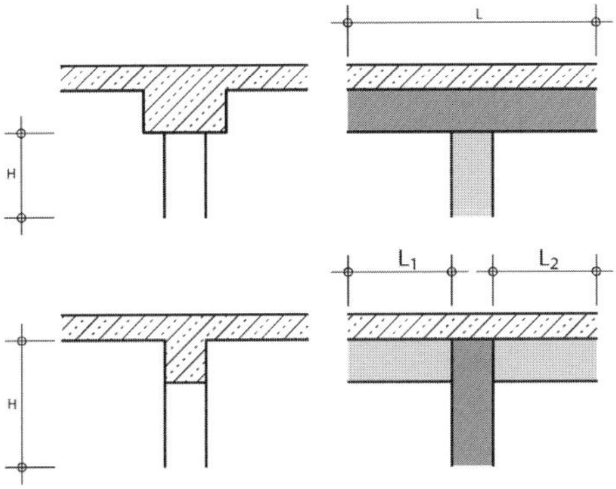	Unterzüge und Balken durchrechnen, wenn sie breiter als die Stützen sind; trifft dies zu, Stützen dann bis Unterseite Unterzug oder Balken rechnen	5.1.2.6
Stürze und Unterzüge 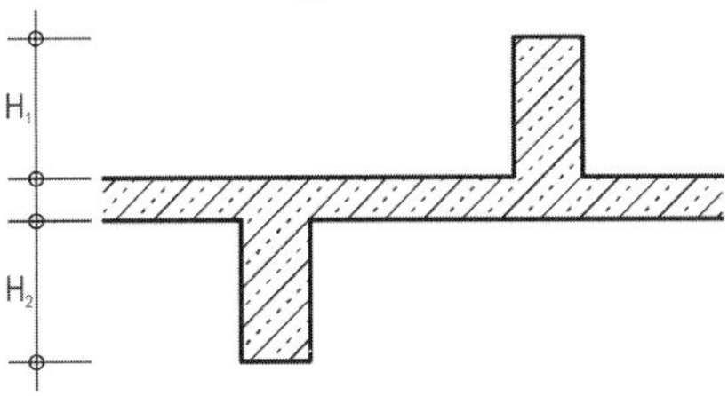	Höhe jeweils von deren Unterseite bis Unterseite Deckenplatte rechnen	5.1.2.7
Überzüge	Höhe jeweils von Oberseite Deckenplatte bis Oberseite Überzug rechnen	5.1.2.7
Bauteile, die konstruktiv wie Unter- oder Überzüge ausgebildet sind im Bereich von Deckenversprüngen 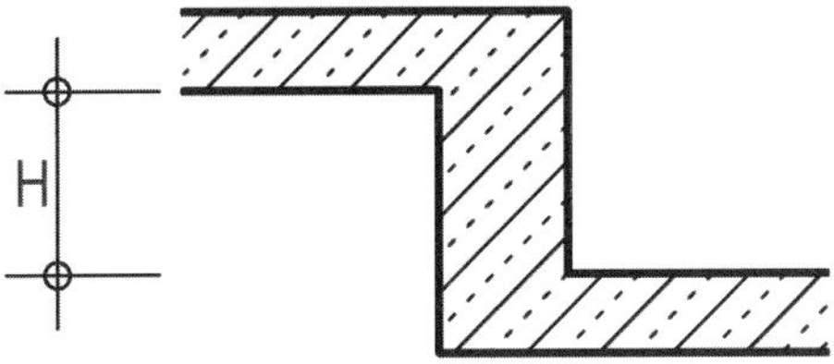	Teile auch wie diese Bauteile (Unter- bzw. Überzüge) rechnen	5.1.2.8

Worum geht es?	Wie wird gerechnet/ermittelt?	ATV
Überschneidungsflächen zwischen Unter- und Überzügen	jeweils nur einmal abrechnen	5.1.2.8
Fugenbänder und -bleche u.Ä. z.B. bei Schrägschnitten, Gehrungen u.Ä. 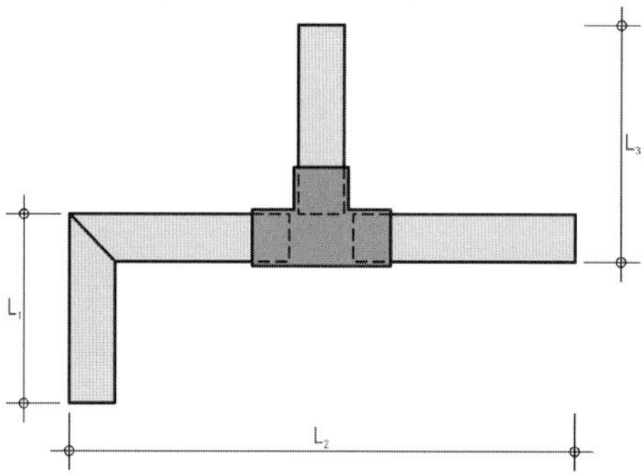	nach ihrer größten Länge rechnen	5.1.2.9
Formteile	dabei nach Anzahl (Stück) abrechnen	5.1.2.9
Pfähle als Betonfertigteile 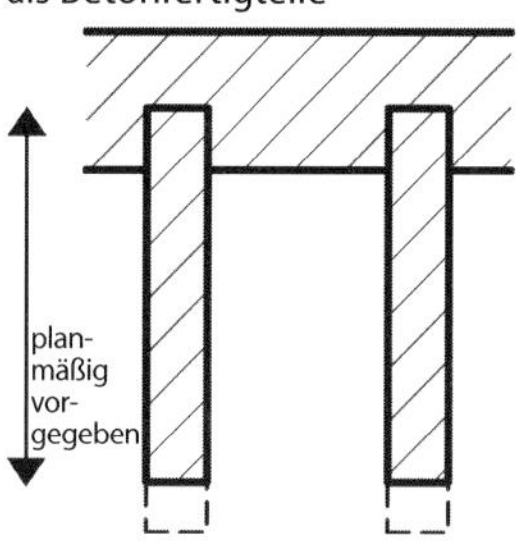	von planmäßiger Oberseite Pfahlkopf bis zur vorgegebenen, also planmäßigen Unterseite Pfahlfuß bzw. Pfahlspitze rechnen *Tipp:* *Es gelten nur Maße der Planvorgabe, nicht die davon evtl. abweichend ausgeführten Maße, außer wenn diese vom Auftraggeber gefordert wurden.*	5.1.2.1
Pfähle aus Ortbeton	von der Oberseite nach Bearbeitung bis zur planmäßigen Unterseite Pfahlfuß bzw. Pfahlspitze rechnen Mehrmengen des Betons bis zu 10 % über die theoretische Menge hinaus bleiben dabei unberücksichtigt.	5.1.2.1

Abrechnung von Schalungen

Worum geht es?	Wie wird gerechnet/ ermittelt?	ATV
zugrunde gelegt werden bei Schalungsarbeiten gleichgültig, ob die Leistungsermittlung nach Zeichnung oder Aufmaß erfolgt		5.2.1
Schalungen von Bauteilen ausgenommen Deckenschalungen 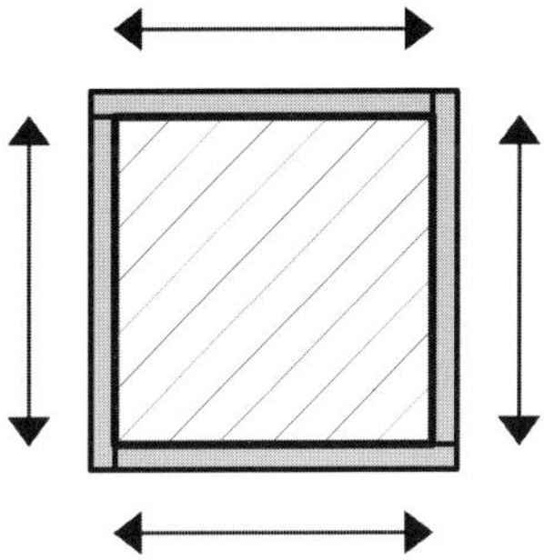	in der Abwicklung der geschalten Flächen rechnen	5.2.1
Deckenschalung 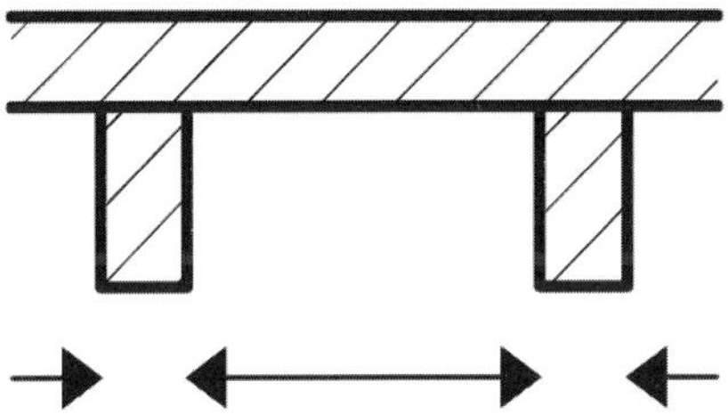	zwischen begrenzenden Bauteilen, z.B. Wänden und Unterzügen oder Balken, nach den geschalten Deckenflächen abrechnen	5.2.2.1
Deckenschalung Schalung frei liegender Begrenzungsseiten von Deckenplatten	dabei immer gesondert rechnen	5.2.2.1
Schalung für Aussparungen und Profilierungen bei Abrechnung nach Flächenmaß	in der Abwicklung der geschalten Betonflächen rechnen	5.2.2.2

Abrechnung von Bewehrungen nach Masse [kg, t]

Worum geht es?	Wie wird gerechnet/ermittelt?	ATV
Masse der Bewehrung	nach Stahllisten abrechnen	5.3.1.1
zur Masse der Bewehrung gehören	▪ Betonstabstahl ▪ Bewehrungsmatten ▪ Unterstützungen (Stahlböcke, Abstandhalter aus Stahl) ▪ Gitterträger bei Verbundbauteilen ▪ Steckbügel ▪ Lagesicherung bei Innenwänden (S-Haken u.Ä.) ▪ Spiralbewehrungen ▪ Verspannungen ▪ Auswechslungen ▪ Montageeisen u.Ä.	5.3.1.1
zur Bewehrung gehören nicht	Zubehör zur Spannbewehrung nach Abschnitt 4.1.10	5.3.1.1
zugrunde gelegt wird	die errechnete Masse der Bewehrung	5.3.1.2
bei genormten Stählen	nach Angaben in DIN-Normen rechnen	5.3.1.2
bei anderen Stählen	nach Angaben im Profilbuch des Herstellers rechnen	5.3.1.2
Bindedraht, Walztoleranzen und Verschnitt bei der Ermittlung des Abrechnungsgewichts	nicht berücksichtigen	5.3.1.3
Verschnitt von Betonstahlmatten dessen Masse über 10 % der Masse je Mattentyp der eingebauten Betonstahlmatten liegt	zusätzlich rechnen, wenn der Auftragnehmer den Verschnitt nicht zu vertreten hat	5.3.1.3

Abzugs- und Übermessungsregeln

Übermessungsregeln bei Abrechnung von Betonarbeiten

Worum geht es?	Wie wird gerechnet/ermittelt?	ATV
durch Bewehrung verdrängte Betonmengen z.B. Betonstabstähle, Profilstähle, Spannbetonbewehrungen mit Zubehör, Ankerschienen, Formteile, Fugenbänder	**nicht** abziehen	5.1.3
einbetonierte Pfahlköpfe, Walzprofile und Spundwände	**nicht** abziehen	5.1.3

Übermessungsregeln bei Abrechnung von Betonarbeiten nach Raummaß [m^3]

Worum geht es?	Wie wird gerechnet/ermittelt?	ATV
Aussparungen, Kassetten, Hohlkörper u.Ä.	bis ≤ 0,5 m^3 Einzelgröße übermessen	5.1.3.1
Schlitze, Kanäle, Profilierungen u.Ä.	bis ≤ 0,1 m^3 je 1,0 m Länge übermessen	5.1.3.1
durchdringende oder einbindende Bauteile z.B. Einzelbalken, Balkenstege bei Plattenbalkendecken, Stützen, Einbauteile, Betonfertigteile, Rollladenkästen, Rohre 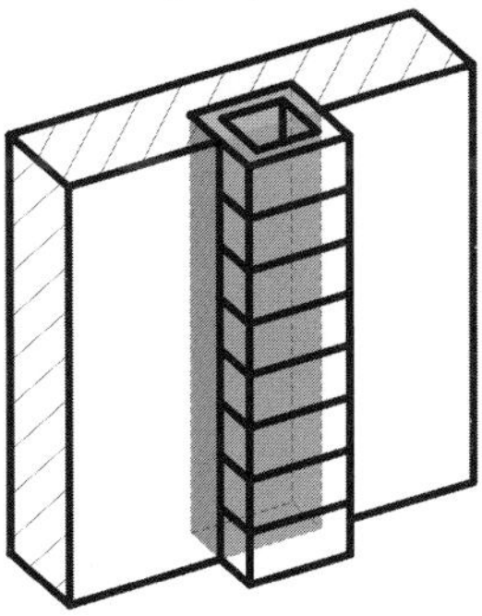	bis ≤ 0,5 m^3 Einzelgröße übermessen, wenn sie durch vorgegebene Betonierfugen oder sonst wie baulich abgegrenzt sind Als Bauteil gilt dabei auch jedes aus Einzelteilen zusammengesetzte Bauteil, z.B. Fenster- und Türumrahmungen, Fenster- und Türstürze, Gesimse.	5.1.3.1

Übermessungsregeln bei Abrechnung von Betonarbeiten nach Flächenmaß [m²]

Worum geht es?	Wie wird gerechnet/ermittelt?	ATV
Aussparungen	≤ 2,5 m² Einzelgröße übermessen, dabei die jeweils kleinsten Maße der Aussparungen ansetzen	5.1.3.2
Fugen, eingebaute Dämmstoffschichten u.Ä.	übermessen	5.1.3.2

Übermessungsregeln bei Abrechnung von Betonarbeiten nach Längenmaß [m]

Worum geht es?	Wie wird gerechnet/ermittelt?	ATV
Formteile, Fugenbleche, Ecken von Fugenbändern, vorkonfektionierte Knoten u.Ä.	übermessen	5.1.3.3

Übermessungsregeln bei Abrechnung von Schalungen nach Flächenmaß [m²]

Worum geht es?	Wie wird gerechnet/ermittelt?	ATV
Aussparungen in Schalungen, Anschlüsse von Bauteilen u.Ä.	≤ 2,5 m² Einzelgröße übermessen, dabei die kleinsten Maße der Aussparung in Ansatz bringen	5.2.3
Fugen, eingebaute Dämmstoffschichten u.Ä.	übermessen	5.2.3

Einzelregelungen

Keine Regelungen

ATV DIN 18332 Naturwerksteinarbeiten

Allgemeines

Worum geht es?	Wie wird gerechnet/ermittelt?	ATV
Ermittlung der Leistung	erfolgt nach Zeichnungen, wenn diese den ausgeführten Leistungen entsprechen, andernfalls nach Aufmaß	5
zugrunde gelegt werden gleichgültig, ob die Leistungsermittlung nach Zeichnung oder Aufmaß erfolgt 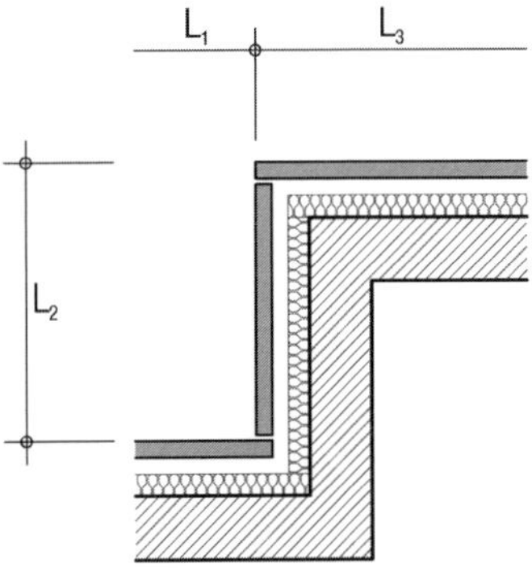 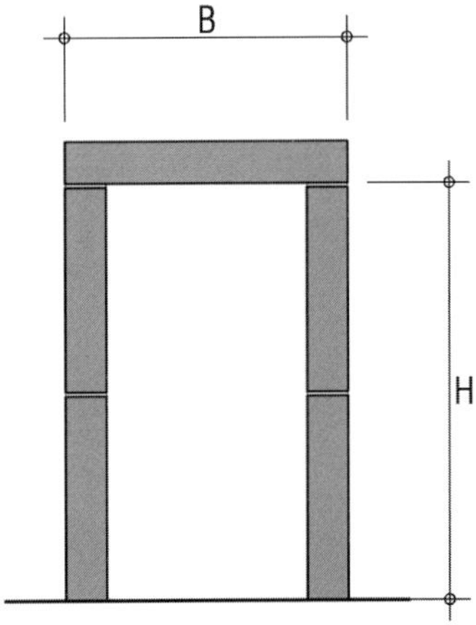	Maße: ▪ der hergestellten Bekleidungen oder Beläge ▪ des hergestellten Natursteinmauerwerks ▪ der behandelten Flächen	5.1

Ermittlung der Maße/Mengen

Abrechnung nach Längenmaß [m]

Worum geht es?	Wie wird gerechnet/ermittelt?	ATV
bei Bauteilen oder Werkstücken	größte Kantenlänge rechnen	5.2.3
schräge Sockelplatten (Bischofsmützen) 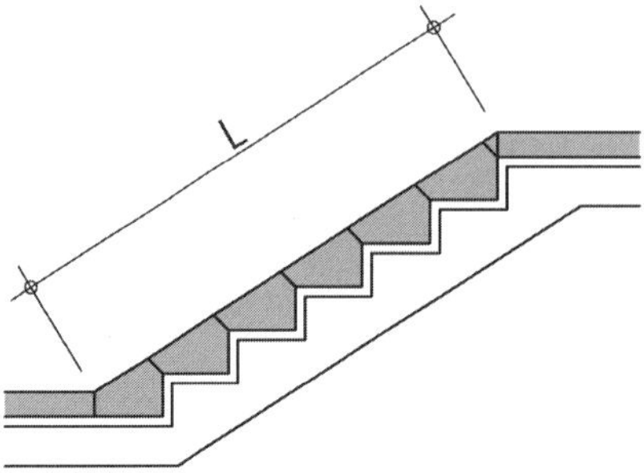	an der Oberkante messen	5.2.3
abgetreppte Sockelplatten 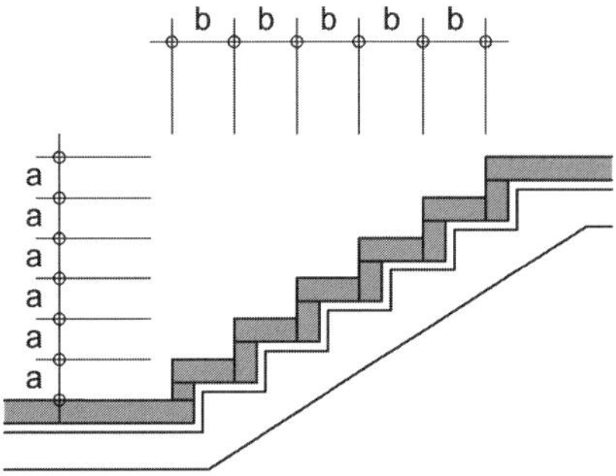	abgewickelt messen	5.2.3

Abrechnung nach Flächenmaß [m²]

Worum geht es?	Wie wird gerechnet/ermittelt?	ATV
bei Abrechnung von: ▪ Ausgleichs-, Trenn- und Dämmschichten ▪ Unterböden ▪ Bewehrungen ▪ Trag- und Unterkonstruktionen	Maße der hergestellten Bekleidungen oder Beläge rechnen	5.2.1

Worum geht es?	Wie wird gerechnet/ermittelt?	ATV
beliebig geformte Einzelflächen 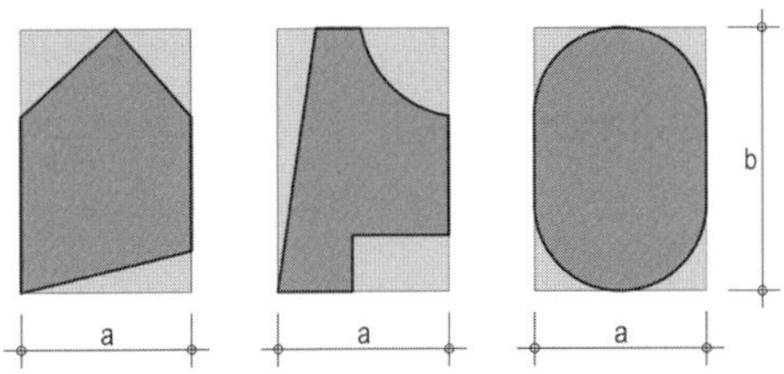	kleinstes umschreibendes Rechteck rechnen	5.2.2
bearbeitete Laibungen und Stirnflächen 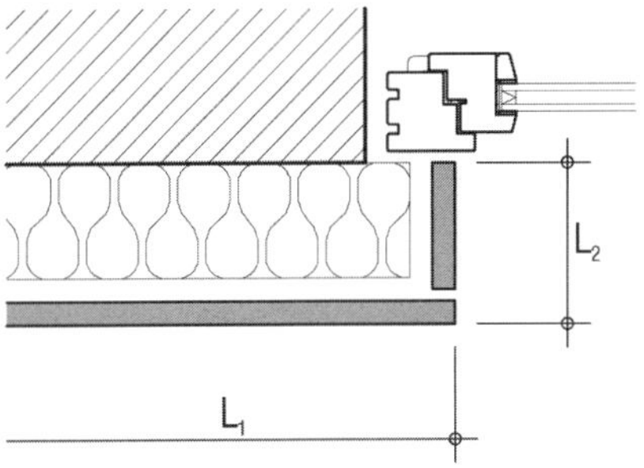	mitrechnen	5.2.4
sichtbare profilierte Flächen	abgewickelt messen	5.2.4

Abzugs- und Übermessungsregeln

Übermessungsregeln bei Abrechnung nach Raummaß [m³]

Worum geht es?	Wie wird gerechnet/ermittelt?	ATV
Fugen	übermessen	5.3.1
Schlitze	mit einer Querschnittsfläche von bis zu einschließlich 0,1 m^2	5.3.1
Öffnungen, Aussparungen, Nischen	mit einer Einzelgröße von bis zu einschließlich 0,5 m^3	5.3.1

Worum geht es?	Wie wird gerechnet/ermittelt?	ATV
Zwischenschichten 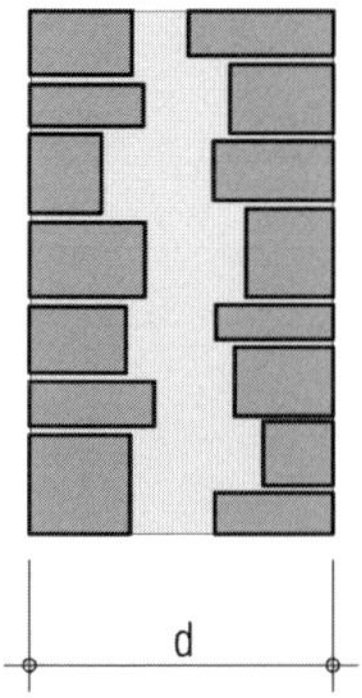	bei Werkstücken, die zusammengesetzt sind, und bei zweihäuptigem Mauerwerk	5.3.1

Übermessungsregeln bei Abrechnung nach Flächenmaß [m^2]

Worum geht es?	Wie wird gerechnet/ermittelt?	ATV
Fugen	übermessen	5.3.2
Aussparungen allgemein	mit einer Einzelgröße von bis zu einschließlich 0,5 m^2	5.3.2
Aussparungen in Böden	mit einer Einzelgröße von bis zu einschließlich 0,1 m^2	5.3.2
Aussparungen bei Vorbehandlung von Untergründen	mit einer Einzelgröße von bis zu einschließlich 2,5 m^2	5.3.2
Aussparungen bei Oberflächenbehandlung und -reinigung	mit einer Einzelgröße von bis zu einschließlich 2,5 m^2	5.3.2
Unterbrechungen	mit einer Einzelbreite von bis zu einschließlich 30 cm	5.3.2

Übermessungsregeln bei Abrechnung nach Längenmaß [m]

Worum geht es?	Wie wird gerechnet/ermittelt?	ATV
Fugen	übermessen	5.3.3
Unterbrechungen	mit einer Einzellänge von bis zu einschließlich 1 m	5.3.2

Einzelregelungen

Einzelregelungen bei Abrechnung nach Raummaß [m³]

Worum geht es?	Wie wird gerechnet/ermittelt?	ATV
bei Werkstücken 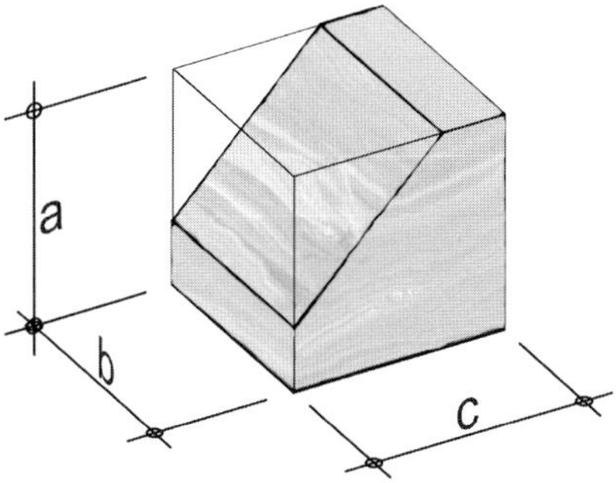 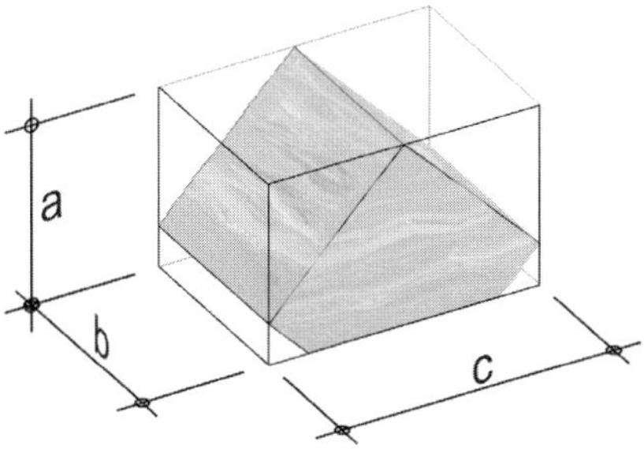	kleinste umschriebene rechtwinklige Körper rechnen	5.4.1
Raummaße < 0,03 m^3	mit 0,03 m^3 abrechnen	5.4.1

Einzelregelungen bei Abrechnung nach Flächenmaß [m²]

Worum geht es?	Wie wird gerechnet/ermittelt?	ATV
Flächenmaße < 0,25 m^2	mit 0,25 m^2 abrechnen	5.4.2
Einzelstücke mit einer Breite < 20 cm Fensterbänke, Abdeckungen usw.	mit Breite 0,20 cm abrechnen	5.4.2
Einzelstücke mit ausgeklinkten Flächen	mit den Maßen des kleinsten umschriebenen Rechtecks rechnen	5.4.2

Worum geht es?	Wie wird gerechnet/ermittelt?	ATV
Einzelstücke mit nicht rechtwinkligen Flächen	mit den Maßen des kleinsten umschriebenen Rechtecks rechnen	5.4.2

Einzelregelungen bei Abrechnung nach Längenmaß [m]

Worum geht es?	Wie wird gerechnet/ermittelt?	ATV
Längen < 1 m	mit 1 m abrechnen	5.4.3

Einzelregelungen bei Einzelplatten und Einzelwerkstücken

Worum geht es?	Wie wird gerechnet/ermittelt?	ATV
Aussparungen	übermessen	5.4.4

ATV DIN 18333 Betonwerksteinarbeiten

Allgemeines

Worum geht es?	Wie wird gerechnet/ermittelt?	ATV
Ermittlung der Leistung	erfolgt nach Zeichnungen, wenn diese den ausgeführten Leistungen entsprechen, andernfalls nach Aufmaß	5
zugrunde gelegt werden gleichgültig, ob die Leistungsermittlung nach Zeichnung oder Aufmaß erfolgt 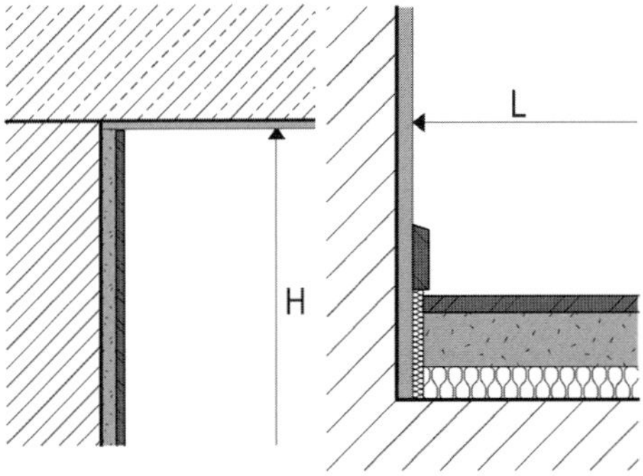	Maße der hergestellten oder bearbeiteten Bauteile, Bekleidungen und Beläge	5.1.1

Ermittlung der Maße/Mengen

Ermittlung der Maße

Worum geht es?	Wie wird gerechnet/ermittelt?	ATV
bei der Maßermittlung 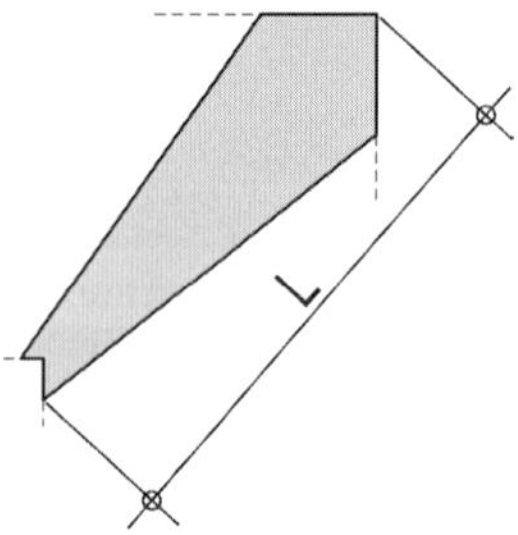	größtes Bauteilmaß rechnen, evtl. auch in der Abwicklung	5.1.2
Fugen	dabei übermessen	
bei zusammengesetzten Werkstücken 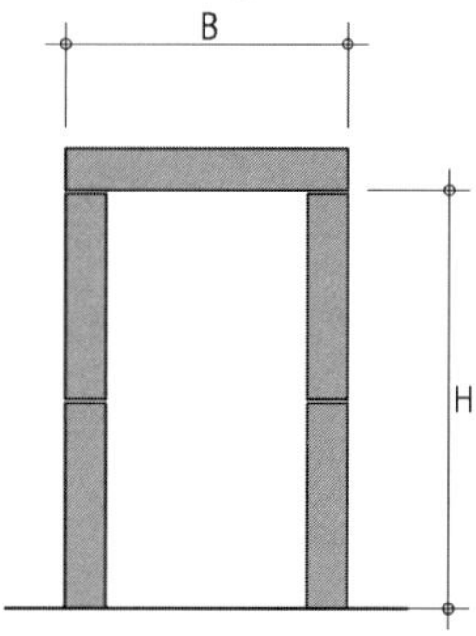 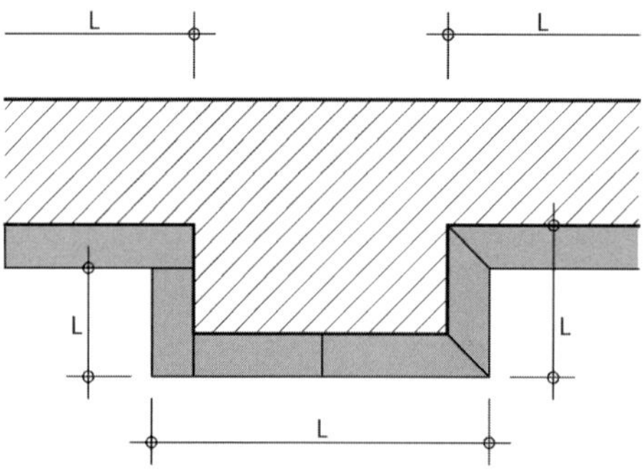	Gesamtlänge ergibt sich aus der Summe der Längen der einzelnen Werkstücke einschließlich der Fugenbreiten	5.1.2

Worum geht es?	Wie wird gerechnet/ermittelt?	ATV
bearbeitete Köpfe von Werkstücken 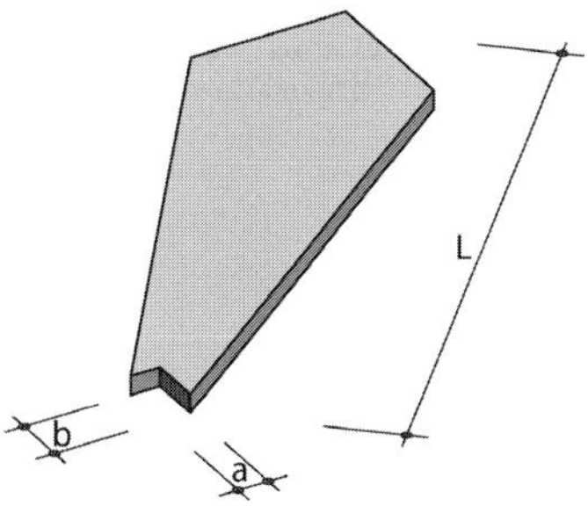	der Werkstücklänge hinzurechnen	5.1.2

Abrechnung nach Flächenmaß [m²]

Worum geht es?	Wie wird gerechnet/ermittelt?	ATV
bei nicht rechteckigen Einzelflächen 	kleinstes umschreibendes Rechteck rechnen	5.1.3

Abzugs- und Übermessungsregeln

Abzug bei Abrechnung nach Flächenmaß [m²]

Worum geht es?	Wie wird gerechnet/ermittelt?	ATV
Aussparungen z.B. Öffnungen in Bekleidungen und Belägen	über 0,1 m² Einzelgröße	5.2.1

Abzug bei Abrechnung nach Längenmaß [m]

Worum geht es?	Wie wird gerechnet/ermittelt?	ATV
Unterbrechungen	über 1 m Einzellänge	5.2.2

ATV DIN 18334
Zimmer- und Holzbauarbeiten

Allgemeines

Worum geht es?	Wie wird gerechnet/ermittelt?	ATV
Ermittlung der Leistung	erfolgt nach Zeichnungen, wenn diese den ausgeführten Leistungen entsprechen, andernfalls nach Aufmaß	5
zugrunde gelegt werden gleichgültig, ob die Leistungsermittlung nach Zeichnung oder Aufmaß erfolgt 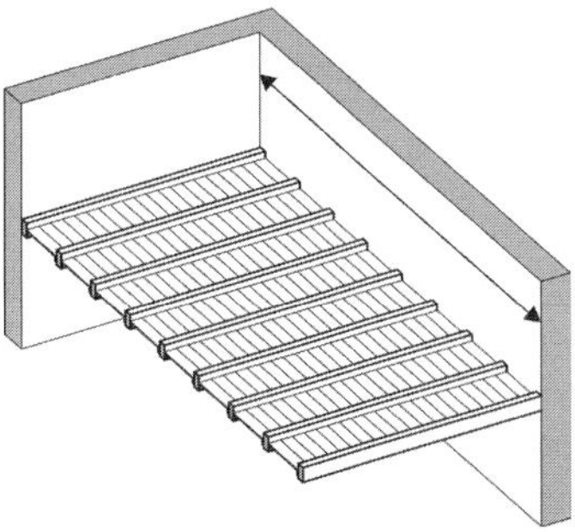	Maße der ▪ hergestellten Bauteile, Bekleidungen, Deckungen und Beläge ▪ behandelten Bauteilabschnitte	5.1
vereinfachende Regeln Übermessungs- und Einzelregelungen	bei der Ermittlung der Leistungen anwenden	5.1

Ermittlung der Maße/Mengen

Abrechnung nach Raummaß [m^3]

Worum geht es?	Wie wird gerechnet/ermittelt?	ATV
für verzimmerte Hölzer und Brettschichthölzer generell 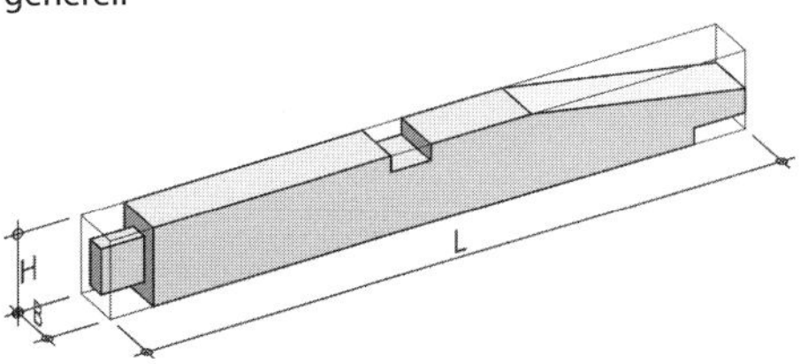	immer größte Länge rechnen, einschließlich Holzverbindungen, z.B. Zapfen u.Ä.	5.2.1

Worum geht es?	Wie wird gerechnet/ermittelt?	ATV
bei gehobelten Konstruktionen und Bauteilen 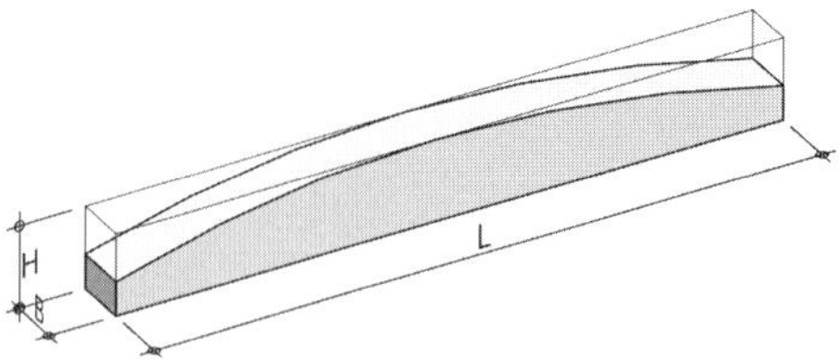	Einbauquerschnitt immer vollen Querschnitt rechnen ohne Abzug z.B. von Aussparungen, Ausklinkungen, Abschrägungen, Querschnittsschwächungen u.Ä. *Tipp:* *Der Materialverlust durch die Oberflächenbearbeitung, z.B. Hobeln, ist bei der Kalkulation dieser Besonderen Leistung zu berücksichtigen.*	5.2.1

Abrechnung nach Flächenmaß [m^2]

Worum geht es?	Wie wird gerechnet/ermittelt?	ATV
bei abgewinkelten Flächen	Maße der Flächen rechnen, z.B. von Schalungen, Dämmungen, Bekleidungen u.Ä.	5.2.2
bei Flächen ohne begrenzende Bauteile 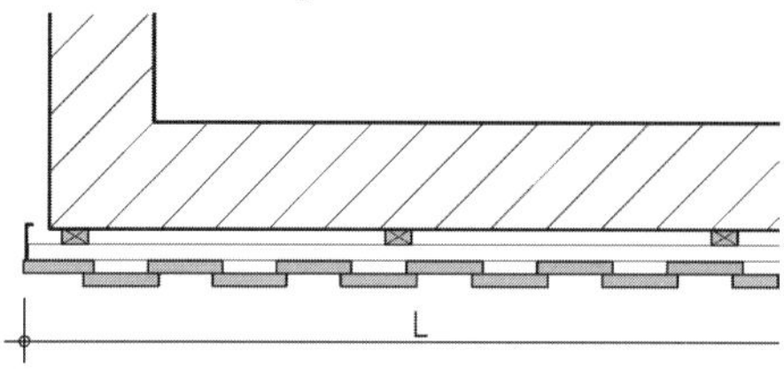 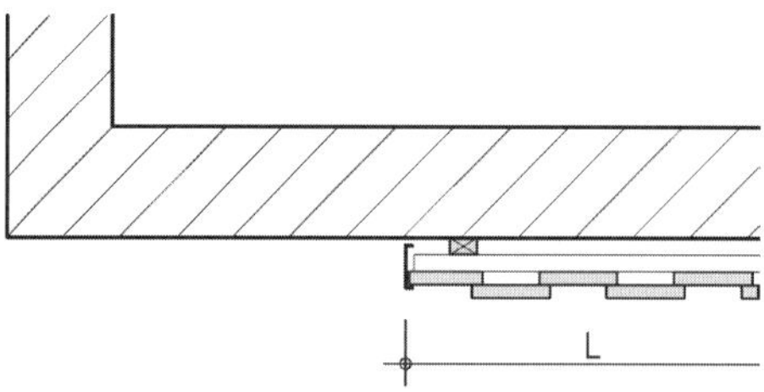	Maße der Flächen rechnen, z.B. von Schalungen, Dämmungen, Bekleidungen u.Ä.	5.2.2

Worum geht es?	Wie wird gerechnet/ermittelt?	ATV
bei Flächen mit begrenzenden Bauteilen 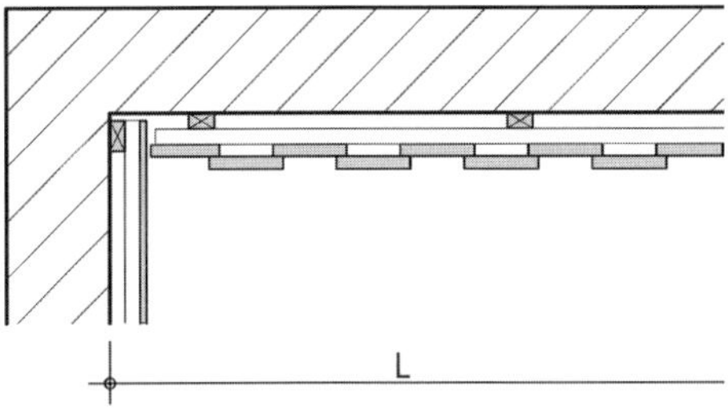 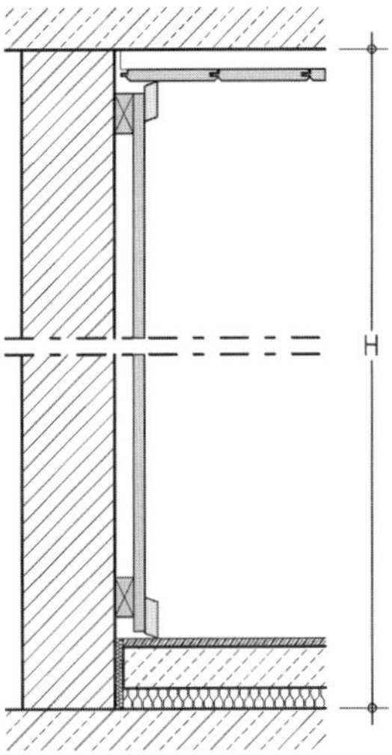	Maße der zu belegenden Flächen rechnen, und zwar bis zu den sie begrenzenden, ungeputzten, ungedämmten, unbekleideten Bauteilen	5.2.2
bei Fassaden, Decken und Wänden mit allen Schichten Dämmschicht, Unterkonstruktion, Bekleidung usw. 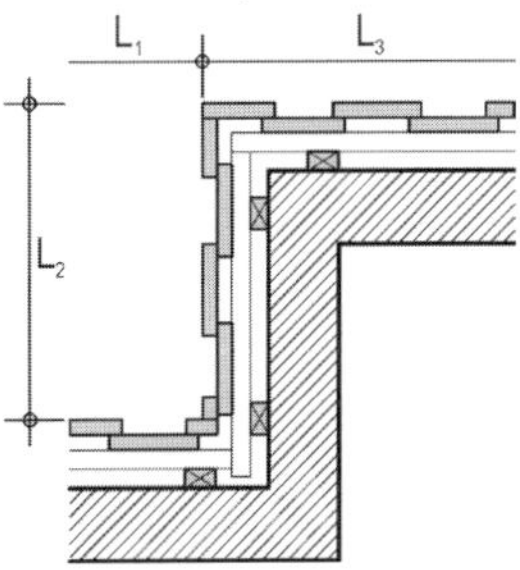	Maße der Bekleidung rechnen	5.2.2

Worum geht es?	Wie wird gerechnet/ermittelt?	ATV
Rückflächen von Nischen	mitrechnen	5.2.2

Abrechnung von Wänden in Holzbauweise

Worum geht es?	Wie wird gerechnet/ermittelt?	ATV
bei Wänden in Holzbauweise 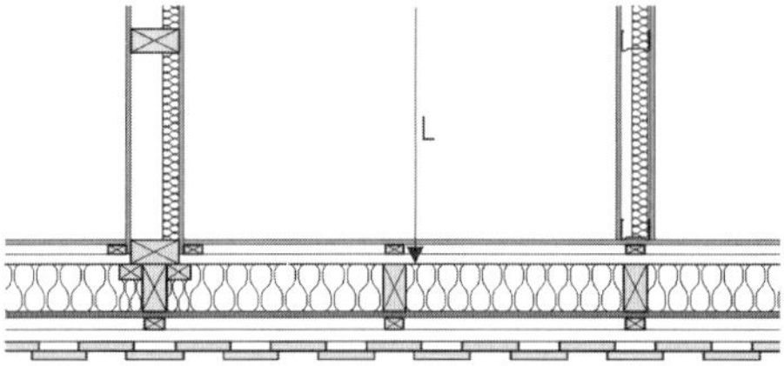 	Maße der Wände bis zu den sie begrenzenden, unbekleideten Bauteilen rechnen	5.2.3
bei abgewinkelten Wänden 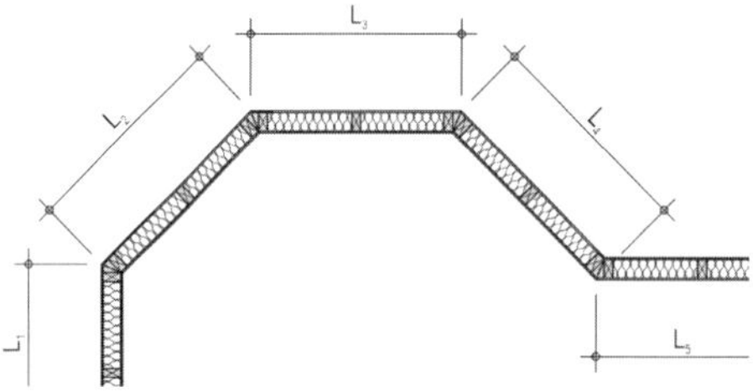	größte abgewickelte Länge der einzelnen Wandteile rechnen	5.2.3
bei Wanddurchdringungen von Wänden mit gleicher Dicke	nur eine Wand durchgehend rechnen	5.2.3

Worum geht es?	Wie wird gerechnet/ermittelt?	ATV
bei Wanddurchdringungen von Wänden mit unterschiedlicher Dicke 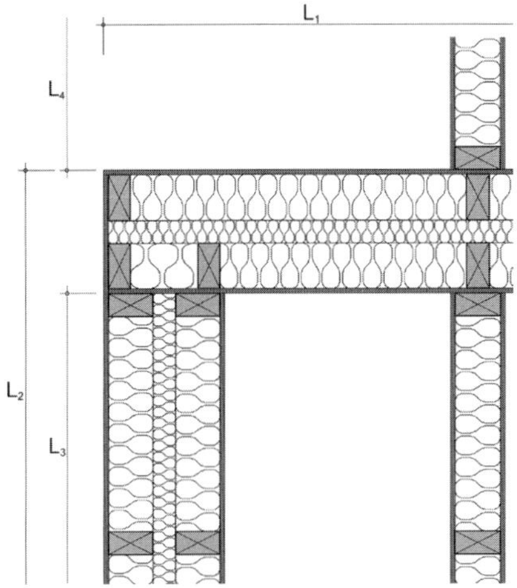 	immer dickere Wand durchgehend berechnen	5.2.3

Abrechnung nach Längenmaß [m]

Worum geht es?	Wie wird gerechnet/ermittelt?	ATV
für verzimmerte Hölzer 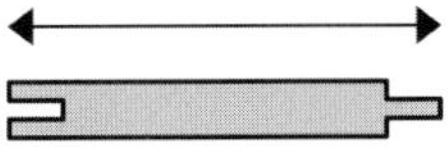	größte Länge einschließlich Holzverbindungen rechnen	5.2.4

Worum geht es?	Wie wird gerechnet/ermittelt?	ATV
sonstige Bauteile z.B. Sockelleisten, Handläufe oder die zusätzliche Bearbeitung von verzimmerten Hölzern 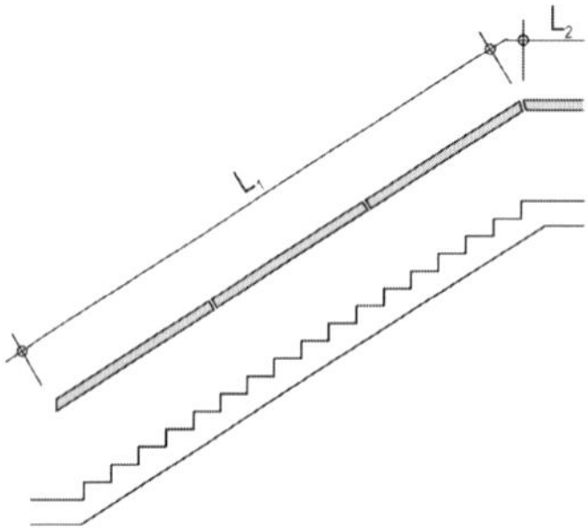	größte Bauteilmaße rechnen, evtl. auch abgewickelte Bauteillängen	5.2.4

Abrechnung nach Stück [St]

Worum geht es?	Wie wird gerechnet/ermittelt?	ATV
Verbindungsmittel z.B. Schrauben, besondere Dübel, Bolzen, Verbindungsmittel aus nichtrostendem Stahl, Verbindungselemente, die besonders geformt sind, wie Balkenschuhe etc.	nach Anzahl rechnen außer Verbindungsmittel nach Abschnitt 4.1.3	5.2.5
Bauteile, die konstruktiv erforderlich sind oder statisch nachzuweisen z.B. Dübel, Bolzen, Anker, Abhänger, Abstandshalter, Konsolen, Formteile aus Stahlblech, Verbindungselemente	nach Anzahl rechnen	5.2.5

Abrechnung nach Masse [kg, t]

Worum geht es?	Wie wird gerechnet/ermittelt?	ATV
bei statisch nachzuweisenden und konstruktiv erforderlichen Stahlteilen mit Ausnahme von Stahlteilen nach Abschnitt 5.2.5:		5.2.6
genormte Profile	Masse nach Angaben in DIN-Normen ermitteln	5.2.6

Worum geht es?	Wie wird gerechnet/ermittelt?	ATV
sonstige Profile	Masse nach Angaben der Hersteller (Profilbüchern) ermitteln	5.2.6
Stahlbleche und -bänder	7,85 kg/m² Fläche und 1 mm Dicke zugrunde legen	5.2.6
Kleineisenteile, Bleche und Bänder aus nichtrostendem Stahl	7,9 kg/m² Fläche und 1 mm Dicke zugrunde legen	5.2.6
Kleineisenteile bis 15 kg Einzelgewicht	Massenermittlung kann durch Wiegen erfolgen	5.2.6
verzinkte Stahlkonstruktionen	Zuschlag für die Verzinkung: 5 % auf die ermittelte Masse	5.2.6

Abzugs- und Übermessungsregeln

Übermessungsregeln bei Abrechnung nach Flächenmaß [m²]

Worum geht es?	Wie wird gerechnet/ermittelt?	ATV
Aussparungen, die anteilig in angrenzende, getrennt zu rechnende Bauteile einbinden	Übermessungsgröße ist die jeweils anteilige Aussparungsfläche	5.2.7
Aussparungen generell, außer in Böden 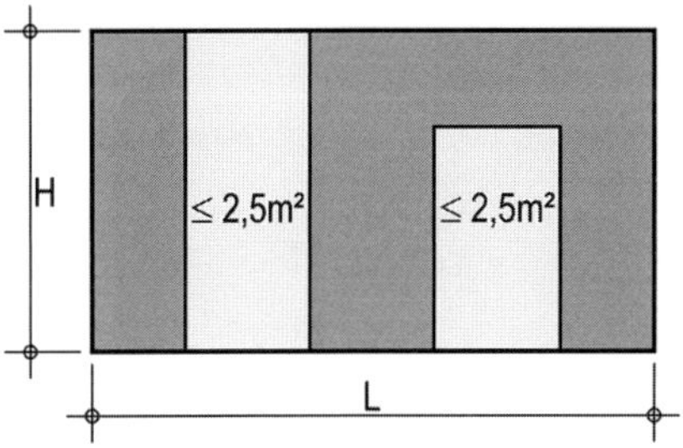	mit bis zu einschließlich 2,5 m² Einzelgröße *Tipp:* *Basis für die Ermittlung von Abzugsmaßen sind bei Aussparungen stets deren kleinste Abmessungen.*	5.3.1
Aussparungen in Böden	mit bis zu einschließlich 0,5 m² Einzelgröße	5.3.1

Worum geht es?	Wie wird gerechnet/ermittelt?	ATV
Unterbrechungen in der zu bearbeitenden Fläche durch Bauteile wie z.B. Fachwerkteile, Stützen, Unterzüge, Vorlagen, Sparren, Unterkonstruktionen u.Ä. bei Zwischenböden, Dämmstoff-, Trenn- und Schutzschichten, Schüttungen, Dampfbremsen, Abdichtungen, Schalungen, Bekleidungen u.Ä. 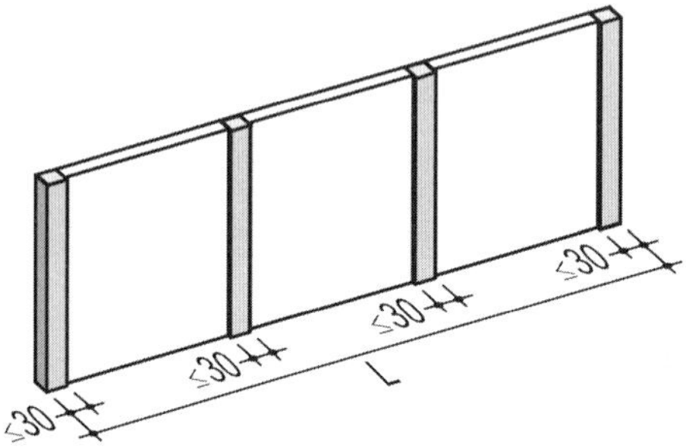	mit einer Einzelbreite von bis zu einschließlich 30 cm	5.3.1
Aussparungen in flächenorientierten Bauteilen u.Ä. wie Decken, Wände, Dächer, Schalungen, Wand- und Deckenbekleidungen, Vorsatzschalen, Dämmungen, Schutz- und Trennschichten, Dampfbremsen, Abdichtungen und leichten Außenwandbekleidungen	bis zu einschließlich 2,5 m^2 Einzelgröße übermessen	5.3.1

Worum geht es?	Wie wird gerechnet/ermittelt?	ATV
verschiedenartige Aussparungen, die unmittelbar zusammenhängen z.B. Öffnung, die direkt an eine Nische grenzt 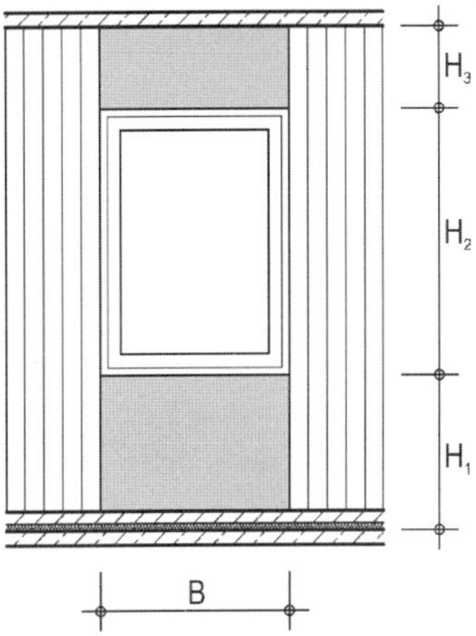	immer getrennt rechnen	5.3.1
Aussparung in Böden und den dazugehörigen Schichten (Dämm-, Trenn- und Schutzschichten etc.) für Kamine, Pfeilervorlagen, Rohrdurchführungen etc.	mit bis zu einschließlich 2,5 m^2 Einzelgröße.	5.3.1
Zwischenräume bei Lattungen, Blindböden, Verschlägen, Sparschalungen und Bekleidungen aus Latten, Brettern etc. 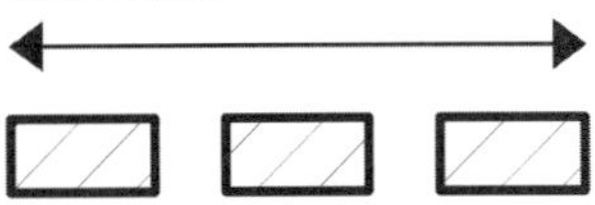	übermessen	5.1.5

Übermessungsregeln bei Abrechnung nach Längenmaß [m]

Worum geht es?	Wie wird gerechnet/ermittelt?	ATV
Unterbrechungen	mit Einzellänge von bis zu einschließlich 1 m	5.3.2
Fugen	übermessen	5.3.2

Einzelregelungen

Worum geht es?	Wie wird gerechnet/ermittelt?	ATV
Rückflächen von Nischen und Laibungen	immer mit ihren Maßen gesondert rechnen, und zwar unabhängig von den Einzelgrößen *Tipp:* *gilt auch, wenn Nische übermessen wird*	5.4.1
Herstellung von Aussparungen für Leuchten, Lichtbänder und -kuppeln, Revisionsöffnungen Rohr- und Kabeldurchführungen, Luftauslässe, Stützen, Pfeilervorlagen, Installationsdosen etc.	immer getrennt und nach deren Maßen rechnen	5.4.2
Bohrlochtränkung	Abstand der äußersten Bohrlöcher in Länge und Breite messen: Dabei wird den ermittelten Maßen jeweils pro Bauabschnitt ein Bohrlochabstand hinzugerechnet. Dies dient der Berücksichtigung des Einflussbereichs von Schutzmitteln an den Randzonen.	5.4.3

ATV DIN 18335
Stahlbauarbeiten

Allgemeines

Worum geht es?	Wie wird gerechnet/ermittelt?	ATV
Ermittlung der Leistung	erfolgt nach Zeichnungen, wenn diese den ausgeführten Leistungen entsprechen, andernfalls nach Aufmaß *Tipp:* *Dieser Abrechnungsgrundsatz lässt sich auf die übliche Abrechnungsart nach Gewicht nicht anwenden.*	5
zugrunde gelegt werden gleichgültig, ob die Leistungsermittlung nach Zeichnung oder Aufmaß erfolgt	Maße der hergestellten Bauteile	5.1
grundsätzlich wird generell	das gesamte eingebaute Material abgerechnet und vergütet	5.1
bei Abrechnung nach Masse	Masse durch Berechnen anhand von Zeichnungen und Stücklisten ermittelt	5.1
bei Formstücken z.B. Schmiede- oder Gussteile	Masse durch Wiegen ermittelt	5.1
vereinfachende Regeln Übermessungs- und Einzelregelungen	bei der Ermittlung der Leistungen anwenden	5.1

Ermittlung der Maße/Mengen

Masseermittlung durch Berechnung/Ermittlung der Maße

Worum geht es?	Wie wird gerechnet/ ermittelt?	ATV
Maßermittlung bei Flachstählen bis 180 mm Breite 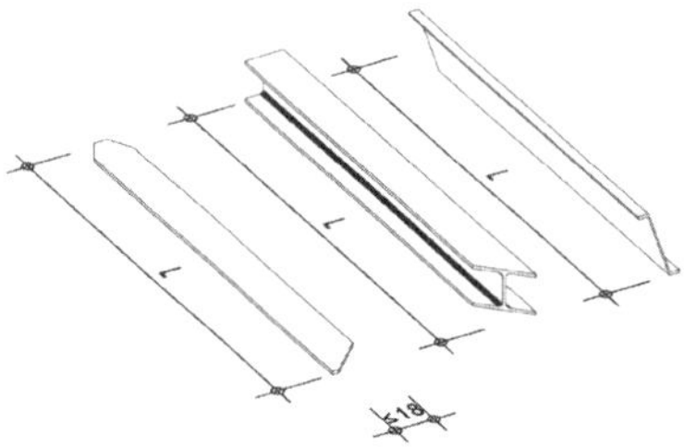	größte Länge und den vollen Querschnitt rechnen	5.2.1
Maßermittlung bei Flachstählen über 180 mm Breite	Fläche des kleinsten umschreibenden Rechtecks rechnen	5.2.1
Maßermittlung bei Form- und Stabstählen 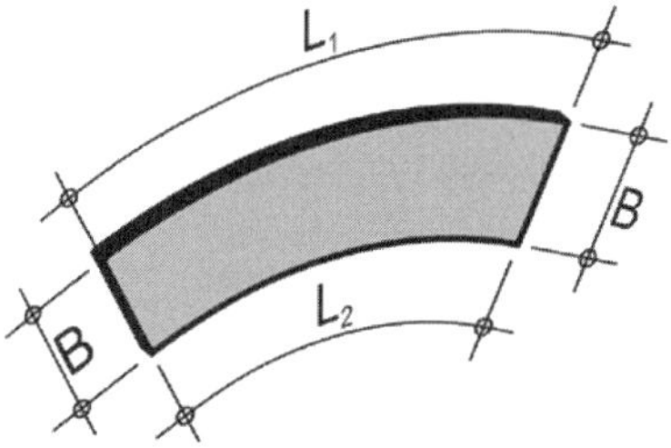	größte Länge und den vollen Querschnitt rechnen	5.2.1
Maßermittlung bei Blechen 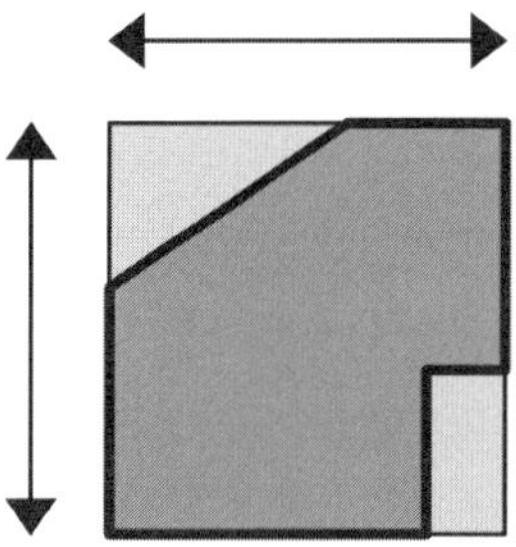	Fläche des kleinsten umschreibenden Rechtecks rechnen	5.2.1

Masseermittlung durch Berechnung/Ermittlung des Gewichts

Worum geht es?	Wie wird gerechnet/ermittelt?	ATV
genormte Profile	theoretische Masse nach Angaben in DIN-Normen ermitteln	5.2.2
andere Profile	nach Angaben der Hersteller (Profilbüchern) ermitteln	5.2.2
Bleche, Bandstähle und Breitflachstähle	7,85 kg je m^2 Fläche und 1 mm Dicke zugrunde legen	5.2.2
Formstücke aus Stahl oder Stahlguss	Dichte von 7,85 kg/dm^3 zugrunde legen	5.2.2
Formstücke aus Gusseisen (Grauguss)	Dichte von 7,25 kg/dm^3 zugrunde legen	5.2.2
Kleinteile	vorgenannte Abrechnungsgrundsätze anwenden	5.2.2
Verbindungsmittel z.B. Schrauben, Schweißgut, Nieten u.Ä.	nicht berücksichtigen	5.2.3

Abzugs- und Übermessungsregeln

Übermessungsregeln

Worum geht es?	Wie wird gerechnet/ermittelt?	ATV
Ausschnitte und einspringende Ecken bei der Maßermittlung für Massenermittlung durch Berechnen 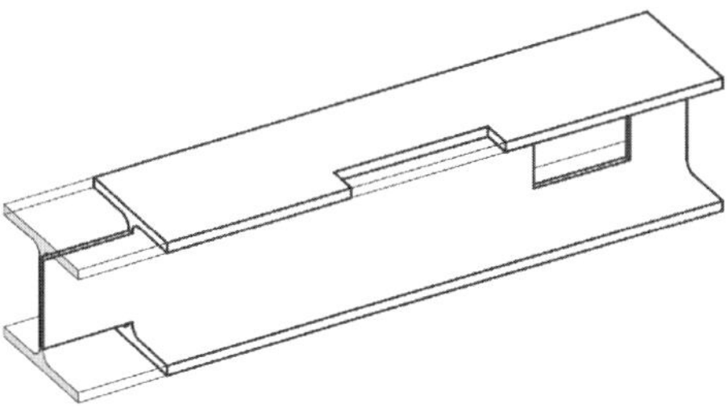	übermessen	5.3

Einzelregelungen

Worum geht es?	Wie wird gerechnet/ermittelt?	ATV
alle Bauteile	Gewicht durch Wiegen ermitteln	5.4.1
gleiche Bauteile z.B. identische Formstücke	nur zur Massenermittlung angemessene Anzahl (Stichproben) wiegen *Tipp:* *über die Stichprobenanzahl im Zweifelsfall Vereinbarungen treffen*	5.4.1
Kopfbolzendübel	nach Anzahl (Stück) abrechnen	5.4.2

ATV DIN 18336
Abdichtungsarbeiten

Allgemeines

Worum geht es?	Wie wird gerechnet/ermittelt?	ATV
Ermittlung der Leistung	erfolgt nach Zeichnungen, wenn diese den ausgeführten Leistungen entsprechen, andernfalls nach Aufmaß	5
zugrunde gelegt werden gleichgültig, ob die Leistungsermittlung nach Zeichnung oder Aufmaß erfolgt		5.1
bei zu behandelnden oder herzustellenden Flächen ohne begrenzende Bauteile z.B. Voranstriche, Abdichtungen, Dämmstoffschichten, Trenn-, Sperr-, Schutzschichten u.Ä. 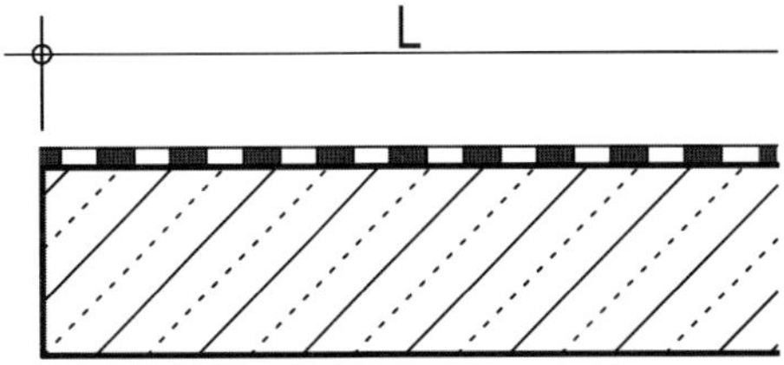 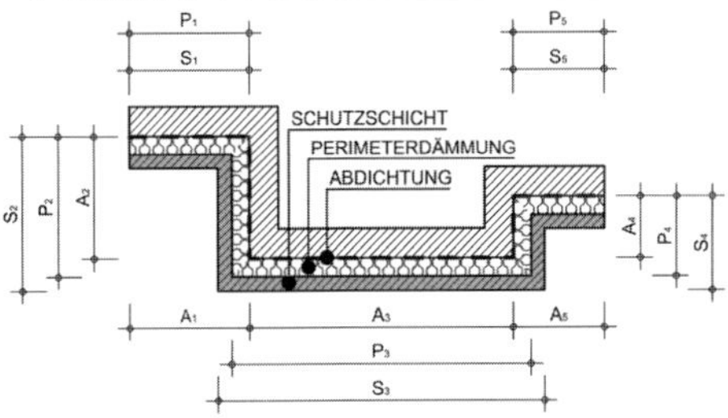 	Maße der zu behandelnden oder herzustellenden Flächen	5.1

Worum geht es?	Wie wird gerechnet/ermittelt?	ATV
bei zu behandelnden oder herzustellenden Flächen mit begrenzenden Bauteilen 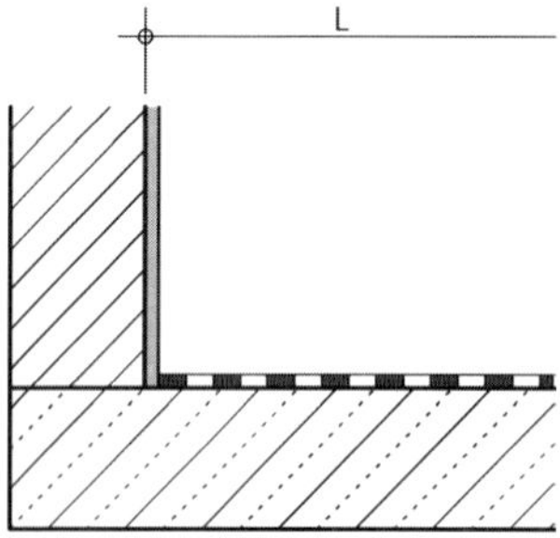	Fläche bis zu den begrenzenden, ungeputzten bzw. unbekleideten Bauteilen *Tipp:* *gilt auch, wenn z.B. Abdichtung nur bis gegen den Putz geführt wird*	5.1

Ermittlung der Maße/Mengen

Abrechnung nach Längenmaß [m]

Worum geht es?	Wie wird gerechnet/ermittelt?	ATV
Abdichtungen oder Abdichtungsverstärkungen über Fugen, an Übergängen, Anschlüssen, Kehranschlüssen, rückläufigen Stößen, Abschlüssen, Kanten, Kehlen u.Ä. 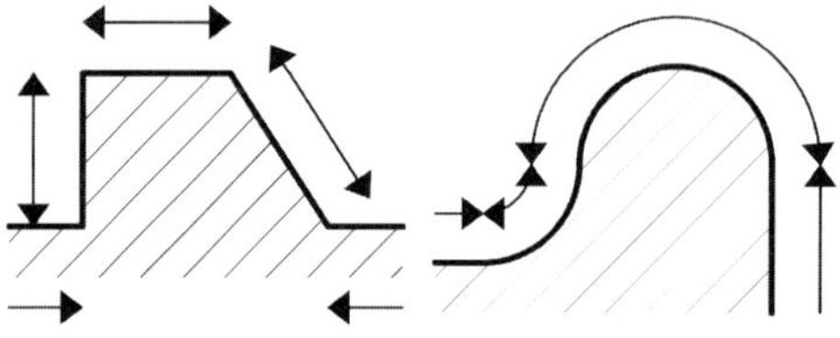 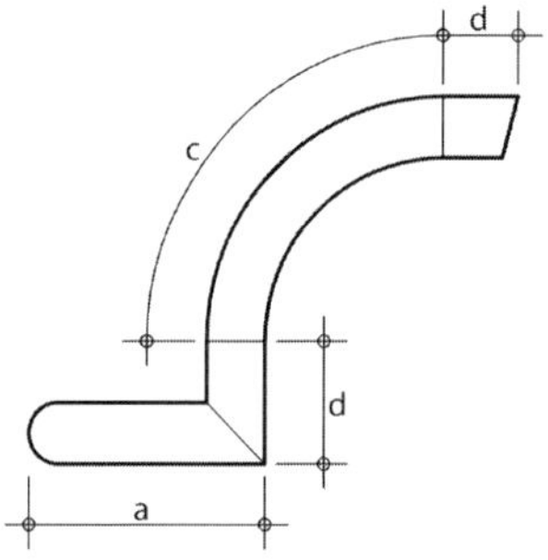	die größte Länge evtl. auch in der Bauteilabwicklung rechnen	5.2.1

Abrechnung nach Flächenmaß [m²]

Worum geht es?	Wie wird gerechnet/ermittelt?	ATV
bei rückläufigen Stößen 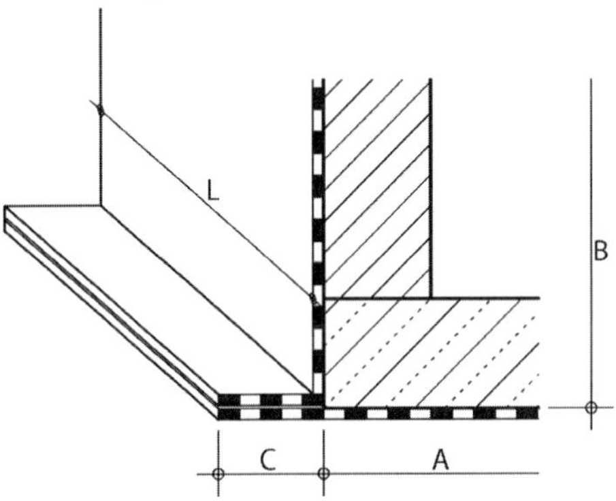	deren Flächen sowohl als Bodenplatten- als auch als Wandabdichtung rechnen, zusätzlich zu der Länge der Stöße *Tipp:* *für den Stoß zusätzlich zur Berücksichtigung bei den Flächen Abrechnung nach der Länge*	5.2.2

Abzugs- und Übermessungsregeln

Übermessungsregeln bei Abrechnung nach Flächenmaß [m²]

Worum geht es?	Wie wird gerechnet/ermittelt?	ATV
Fugen 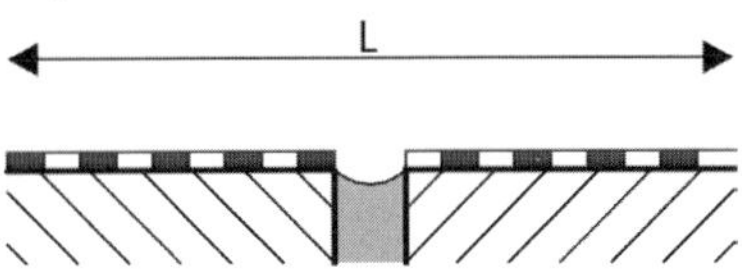	übermessen	5.3.1

Worum geht es?	Wie wird gerechnet/ermittelt?	ATV
Aussparungen z.B. Öffnungen, Durchdringungen u.Ä. 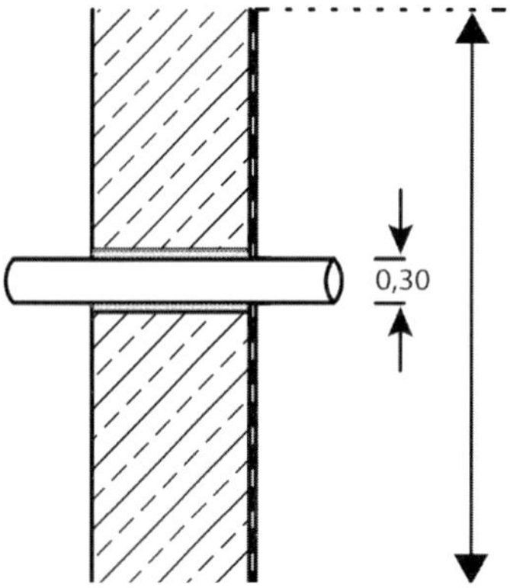 	bis einschließlich 2,5 m^2 Einzelgröße	5.3.1

Übermessungsregeln bei Abrechnung nach Längenmaß [m]

Worum geht es?	Wie wird gerechnet/ermittelt?	ATV
Unterbrechungen	mit einer Einzellänge bis einschließlich 1 m	5.2.2

Einzelregelungen

Keine Regelungen

ATV DIN 18338 Dachdeckungs- und Dachabdichtungsarbeiten

Allgemeines

Worum geht es?	Wie wird gerechnet/ermittelt?	ATV
Ermittlung der Leistung	erfolgt nach Zeichnungen, wenn diese den ausgeführten Leistungen entsprechen, andernfalls nach Aufmaß	5
zugrunde gelegt werden gleichgültig, ob die Leistungsermittlung nach Zeichnung oder Aufmaß erfolgt	Maße der ■ gedeckten Flächen ■ abgedichteten Flächen ■ bekleideten Flächen ■ belegten Flächen ■ hergestellten Bauteile ■ behandelten Flächen ■ Fugenlängen	5.1.1
vereinfachende Regeln Übermessungs- und Einzelregelungen	bei der Ermittlung der Leistungen anwenden	5.1.1

Ermittlung der Maße/Mengen

Worum geht es?	Wie wird gerechnet/ermittelt?	ATV
Maßermittlung für An- und Abschlüsse etc.	größtes Bauteilmaß rechnen, ggf. auch in der Abwicklung	5.2.1

Worum geht es?	Wie wird gerechnet/ermittelt?	ATV
Maßermittlung für Flächen mit begrenzenden Bauteilen, z.B. Attiken, Wänden u.Ä. bei: ▪ Dachdeckungen ▪ Bekleidungen ▪ Dachabdichtungen ▪ Dämmschichten ▪ Voranstrichen ▪ Trenn-, Sperr- und Schutzschichten sowie ▪ Kiesschüttungen, Plattenbelägen u.Ä. 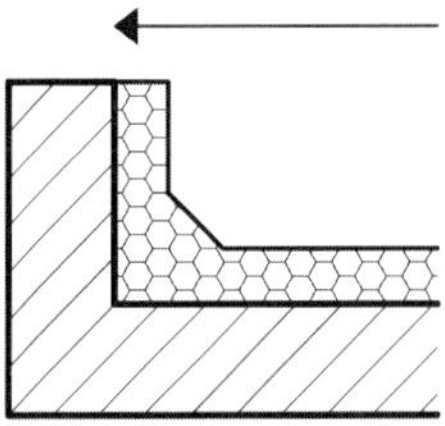	Fläche bis zu den begrenzenden, ungeputzten bzw. unbekleideten Bauteilen rechnen	5.2.2
Maßermittlung für Flächen ohne begrenzende Bauteile bei: ▪ Dachdeckungen ▪ Bekleidungen ▪ Dachabdichtungen ▪ Dämmschichten ▪ Voranstrichen ▪ Trenn-, Sperr- und Schutzschichten sowie ▪ Kiesschüttungen, Plattenbelägen u.Ä. 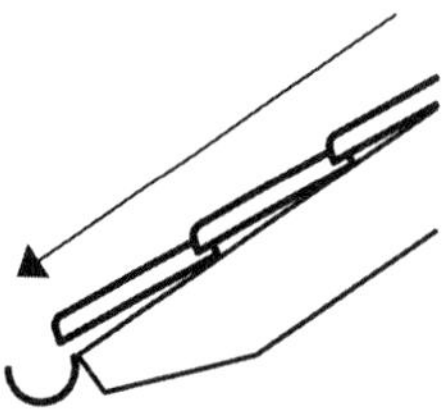	Maße der Fläche der betreffenden Leistung rechnen	5.2.2

Worum geht es?	Wie wird gerechnet/ermittelt?	ATV
Deckungen und Abdichtungen von Firsten, Graten, Kehlen, Ortgängen u.Ä.	Länge in der Mittelachse messen und diese Bauteile nur einfach rechnen	5.2.3
Deckungen und Abdichtungen, die an Firste, Grate und Kehlen anschließen 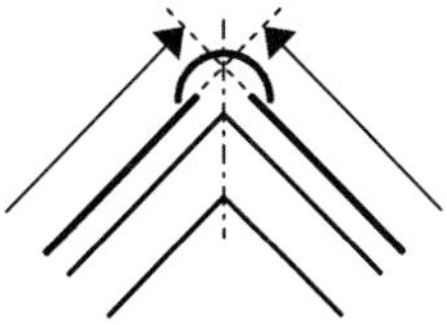	bis Mitte First, Grat oder Kehle rechnen	5.2.4
Bekleidungen von Außen- und Innenecken	Länge in der Mittelachse rechnen	5.2.5
Bekleidungen, die an Außen- und Innenecken anschließen	bis zur Mittellinie rechnen	5.2.6
Aussparungen die anteilig in angrenzende, getrennt zu rechnende Flächen einbinden, z.B. Schornsteine im First 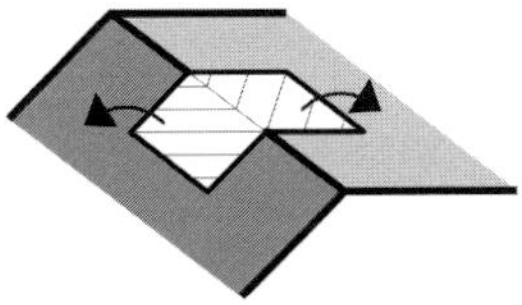	Übermessungsgröße durch Berechnung der jeweiligen Aussparungsanteile ermitteln	5.2.7
verschiedenartige Aussparungen, bei Dachdeckungen, Dachabdichtungen und Bekleidungen die unmittelbar zusammenhängen, z.B. Dachflächenfenster und in die Dachfläche integrierte Solarelemente	immer getrennt rechnen	5.2.8
bekleidete Rückflächen von Nischen	unabhängig von der Übermessungsgröße mit ihren Flächenmaßen gesondert rechnen	5.2.9
bekleidete Laibungen	unabhängig von der Übermessungsgröße mit ihren Längenmaßen gesondert rechnen	5.2.10

Worum geht es?	Wie wird gerechnet/ermittelt?	ATV
Flächenermittlung bei Flächen, die nicht mittels einfacher mathematischer Formeln (z.B. Rechtecke, Dreiecke, Rauten, Trapeze u.Ä.) berechnet werden können 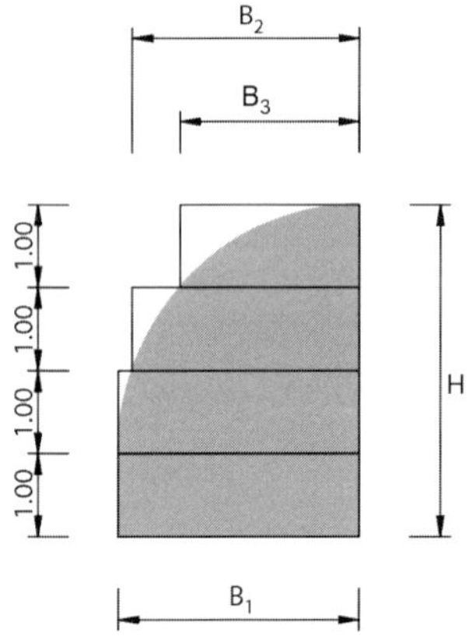	durch Unterteilung in umschreibende Rechtecke mit 1 m Breite je Rechteck rechnen	5.2.11
Maßermittlung bei Fugen	Länge in der Mittellinie rechnen	5.2.12

Abzugs- und Übermessungsregeln

Übermessungsregeln bei Abrechnung nach Flächenmaß [m^2]

Worum geht es?	Wie wird gerechnet/ermittelt?	ATV
Fugen	übermessen	5.3.1
Aussparungen	mit bis zu einschließlich 2,5 m^2 Einzelgröße	5.3.1
eingebaute Formstücke z.B. Lüfterziegel, Einzelformziegel, Eckziegel, Glasformstücke u.Ä.	übermessen	5.3.1

Worum geht es?	Wie wird gerechnet/ermittelt?	ATV
bei Dämmschichten 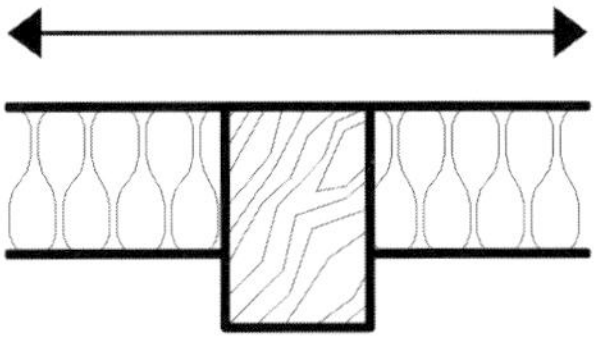	Bohlen, Sparren u.Ä. übermessen	5.3.1

Übermessungsregeln bei Abrechnung nach Längenmaß [m]

Worum geht es?	Wie wird gerechnet/ermittelt?	ATV
Fugen	übermessen	5.3.1
Unterbrechungen	mit Einzellänge von bis zu einschließlich 1 m	5.3.2

Einzelregelungen

Keine Regelungen

ATV DIN 18339 Klempnerarbeiten

Allgemeines

Worum geht es?	Wie wird gerechnet/ermittelt?	ATV
Ermittlung der Leistung	erfolgt nach Zeichnungen, wenn diese den ausgeführten Leistungen entsprechen, andernfalls nach Aufmaß	5
zugrunde gelegt werden gleichgültig, ob die Leistungsermittlung nach Zeichnung oder Aufmaß erfolgt	Maße der hergestellten ▪ Deckungen ▪ Bekleidungen ▪ Bauteile	5.1
vereinfachende Regeln Übermessungs- und Einzelregelungen	bei der Ermittlung der Leistungen anwenden	5.1

Ermittlung der Maße/Mengen

Abrechnung nach Flächenmaß [m^2]

Worum geht es?	Wie wird gerechnet/ermittelt?	ATV
Einzelelemente die nicht rechtwinklig sind oder ausgeklinkte Flächen haben 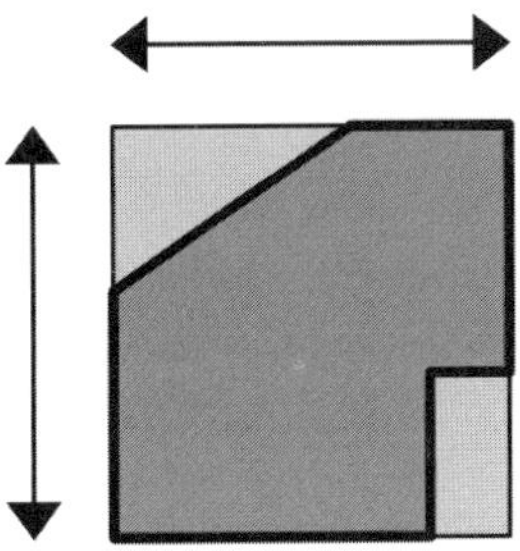	kleinstes umschriebenes Rechteck des Einzelteils rechnen *Tipp:* *gilt nicht bei Teilstücken von Flächen, z.B. Dachflächen, sondern ausschließlich bei Einzelstücken*	5.2.1

Abrechnung nach Längenmaß [m]

Worum geht es?	Wie wird gerechnet/ermittelt?	ATV
Dachrinnen und Traufbleche 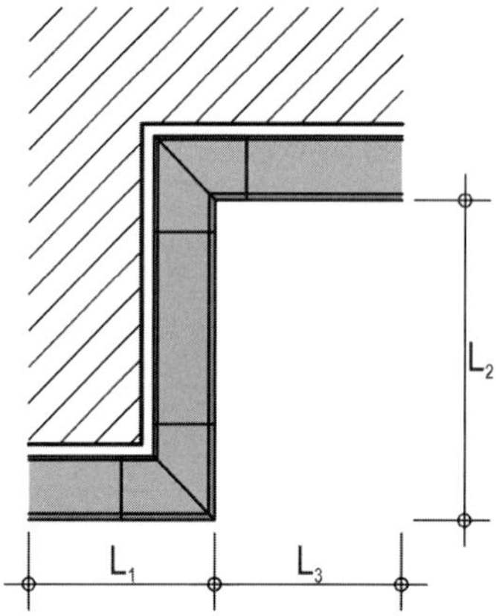	an den Vorderwulsten messen *Tipp:* *Rinnenwinkel, Rinnenböden, Rinnenstutzen, Bewegungsausgleicher u.Ä. werden übermessen und gesondert berechnet.*	5.2.2
Regenfallrohre 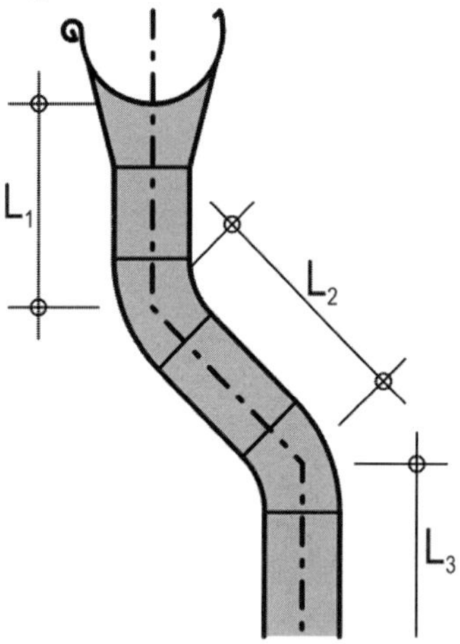	entlang ihrer Mittellinie messen	5.2.3

Abzugs- und Übermessungsregeln

Übermessungsregeln bei Abrechnung nach Flächenmaß [m²]

Worum geht es?	Wie wird gerechnet/ermittelt?	ATV
Aussparungen und Öffnungen z.B. Schornsteine, Fenster, Oberlichter, Entlüftungen u.Ä.	bis einschließlich 2,5 m² Einzelgröße übermessen	5.3.1
Bohlen, Sparren u.Ä. bei Trenn- und Dämmschichten 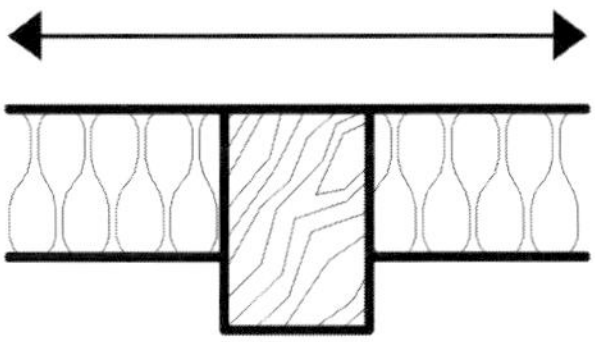	übermessen	5.3.1
unbekleidete Rahmen, Riegel, Ständer, Unterzüge, Vorlagen u.Ä. die in Flächen von Metall-Außenwandbekleidungen liegen 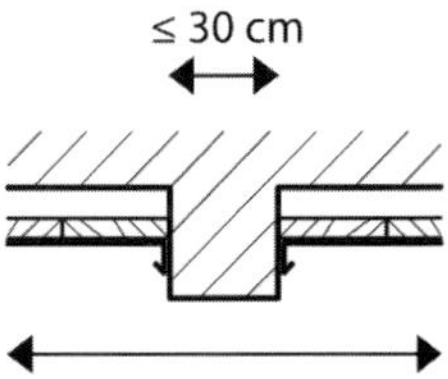	bis einschließlich 0,3 m Einzelbreite übermessen	5.3.1
Überdeckungen und Überfälzungen bei geformten Blechen und Blechprofilen 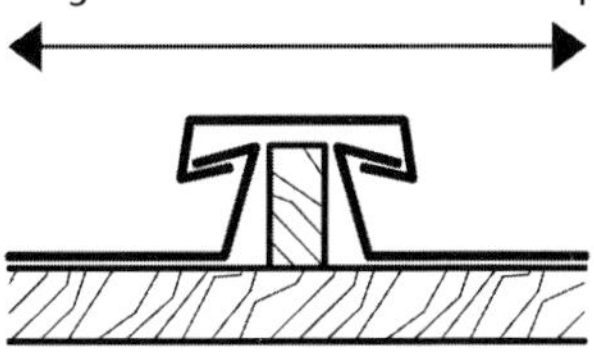	übermessen	5.3.1

Übermessungsregeln bei Abrechnung nach Längenmaß [m]

Worum geht es?	Wie wird gerechnet/ermittelt?	ATV
Unterbrechungen	bis einschließlich 1 m Einzellänge übermessen	5.3.2

Worum geht es?	Wie wird gerechnet/ermittelt?	ATV
Winkel, Bögen und Abzweige für Regenfallrohre	übermessen und gesondert rechnen	5.3.2
Überdeckungen und Überfälzungen bei geformten Blechen und Blechprofilen	übermessen	5.3.2
Rinnenwinkel, Rinnenböden, Rinnenstutzen und Bewegungsausgleicher	übermessen und gesondert rechnen	5.3.2

Einzelregelungen

Keine Regelungen

ATV DIN 18340 Trockenbauarbeiten

Allgemeines

Worum geht es?	Wie wird gerechnet/ermittelt?	ATV
Ermittlung der Leistung	erfolgt nach Zeichnung, wenn diese den ausgeführten Leistungen entspricht, andernfalls nach Aufmaß	5
zugrunde gelegt werden gleichgültig, ob die Leistungsermittlung nach Zeichnung oder Aufmaß erfolgt	Maße der ▪ hergestellten Bekleidungen ▪ bekleideten Flächen ▪ hergestellten Beläge ▪ hergestellten Bauteile	5.1.1
vereinfachende Regeln Übermessungs- und Einzelregelungen	bei der Ermittlung der Leistungen anwenden	5.1.1

Ermittlung der Maße/Mengen

Abrechnung nach Flächenmaß [m²]

Worum geht es?	Wie wird gerechnet/ermittelt?	ATV
für alle flächigen Bauteile des Trockenbaus, z.B. Bekleidungen bei Flächen ohne begrenzende Bauteile z.B. Unterkonstruktionen, Dämmungen, Trenn- und Schutzschichten, Folien, Dampfbremsen, Schüttungen, Oberflächenbehandlungen, Haftbrücken u.Ä. 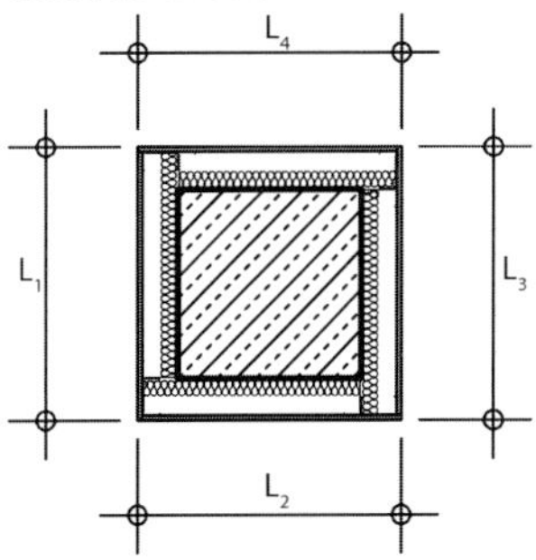	Maße der fertigen Bekleidung rechnen	5.2.1

Worum geht es?	Wie wird gerechnet/ermittelt?	ATV
für alle flächigen Bauteile des Trockenbaus, z.B. Bekleidungen bei Flächen mit begrenzenden Bauteilen 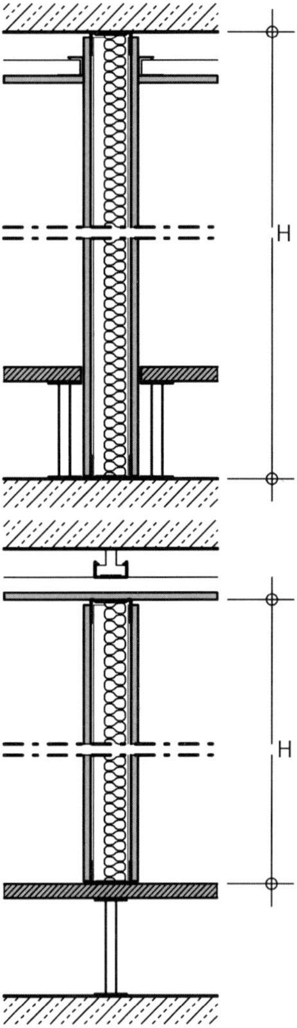	Maße bis zu den diese Flächen begrenzenden Bauteilen, und zwar ohne Berücksichtigung von Putz, Dämmung oder Bekleidung rechnen *Tipp:* *Begrenzende Bauteile sind z.B., jedoch nur, wenn ihre Oberflächen nicht durchdrungen werden:* ■ *Estriche* ■ *leichte Trennwände* ■ *Unterdecken, abgehängte Decken* ■ *raumbildende Systemböden, Trockenunterböden*	5.2.2

Worum geht es?	Wie wird gerechnet/ermittelt?	ATV
Definition begrenzender Bauteile	Systemböden, Trockenunterböden, Estriche, leichte Trennwände, Unterdecken, abgehängte Decken u.Ä. gelten dabei als begrenzende Bauteile, sofern ihre Oberflächen nicht durchdrungen werden.	5.1.2
bei der Ermittlung von Maßen z.B. bei: ■ Gewölben 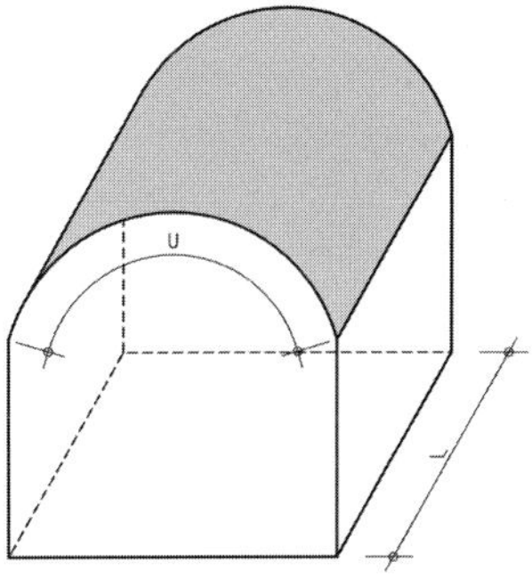 ■ Teilbeplankungen, Wandanschlüssen, Wandecken, Wandeinbindungen und -abzweigungen ■ umlaufenden Friesen 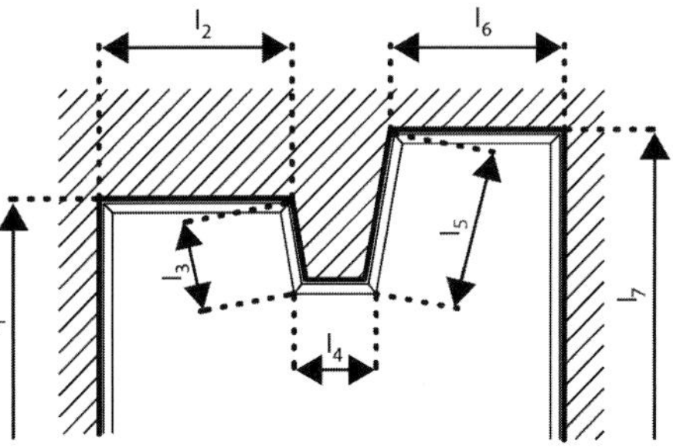 ■ Anarbeitungen an vorhandene oder ■ Einarbeitungen von vorhandenen Bauteilen ■ Einbauteilen u.Ä.	gilt immer das größte Maß, bei gebogenen oder abgewinkelten Bauteilen das abgewickelte Bauteilmaß	5.2.3

Worum geht es?	Wie wird gerechnet/ermittelt?	ATV
verschiedenartige Aussparungen, die unmittelbar zusammenhängen z.B. Öffnungen mit angrenzender Nische 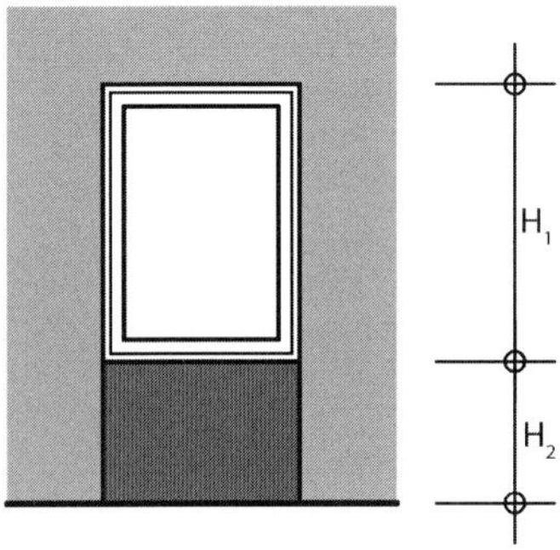	getrennt rechnen	5.2.4
gleichartige Aussparungen, die durch konstruktive Elemente getrennt werden z.B. Rasterdecke mit durchlaufenden, tragenden Rasterprofilen	auch getrennt rechnen	5.2.4
Aussparung, die anteilig in angrenzende, getrennt abzurechnende Flächen einbindet 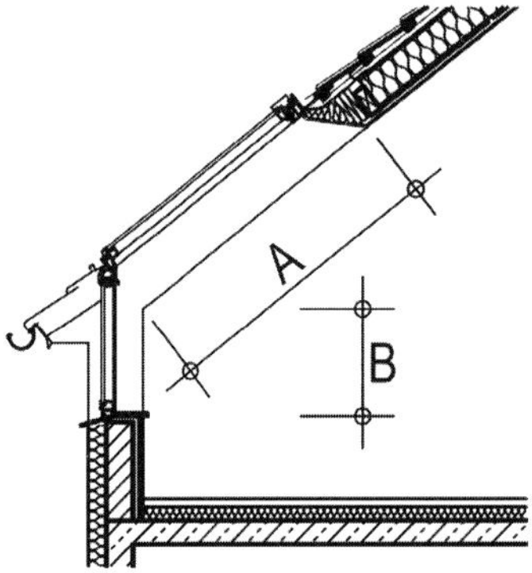	zur Ermittlung der Übermessungsgröße nur den jeweiligen Anteil rechnen, der in der betreffenden Fläche liegt	5.2.5

Worum geht es?	Wie wird gerechnet/ermittelt?	ATV
▪ Laibungen ▪ Rückflächen von Nischen 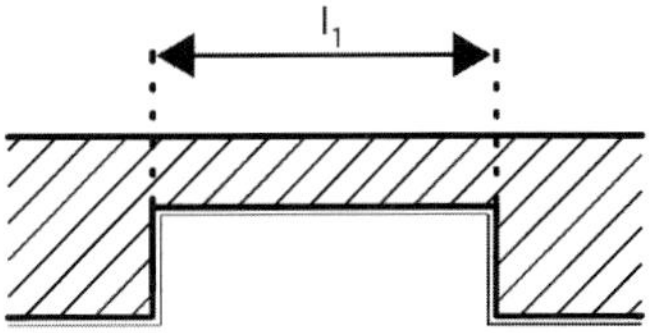 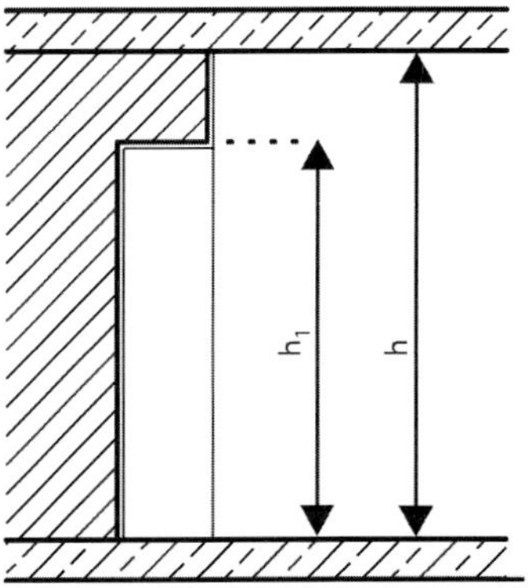 ▪ freie Wandenden und Wandoberseiten, die ganz oder teilweise bekleidet sind 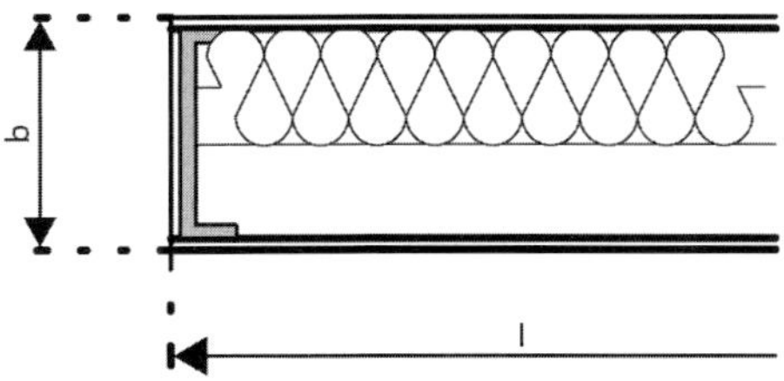 ▪ Unterseiten von Schürzenbekleidungen u.Ä.	mit ihren Maßen gesondert rechnen, und zwar unabhängig davon, ob sie aufgrund ihrer Einzelgrößen übermessen oder abgezogen werden *Tipp:* *Laibungsbekleidungen mit einer Tiefe ≤ 1 m sind nach 0.5.2 nach Längenmaß abzurechnen, Bekleidungen und Vorsatzschalen mit einer Fläche ≤ 5 m² sind nach 0.5.3 nach Anzahl abzurechnen.*	5.2.6

Worum geht es?	Wie wird gerechnet/ermittelt?	ATV
Flächenermittlung bei Flächen, die nicht mittels einfacher mathematischer Formeln (z.B. Rechtecke, Dreiecke, Rauten, Trapeze u.Ä.) berechnet werden können 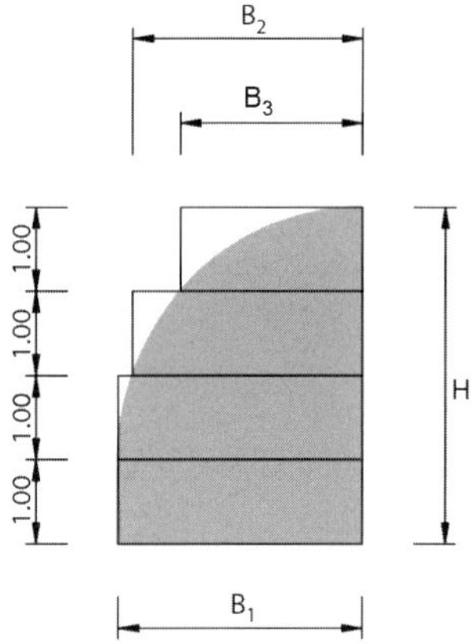	durch Unterteilung in umschreibende Rechtecke mit 1 m Breite je Rechteck rechnen	5.2.7

Abzugs- und Übermessungsregeln

Übermessungsregeln bei Abrechnung nach Flächenmaß [m²]

Worum geht es?	Wie wird gerechnet/ermittelt?	ATV
Aussparungen, z.B. Öffnungen, auch raumhoch, und Nischen, generell, außer in Böden 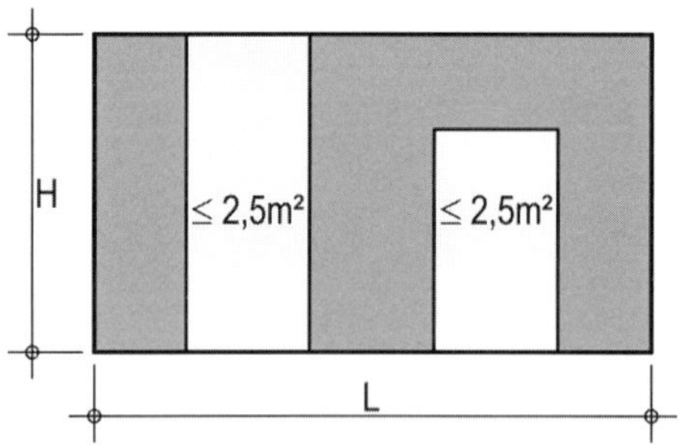	≤ 2,5 m² Einzelgröße übermessen *Tipp:* *Basis für die Ermittlung von Abzugsmaßen sind bei Aussparungen stets deren kleinste Abmessungen.*	5.3.1

Worum geht es?	Wie wird gerechnet/ermittelt?	ATV
Aussparungen, z.B. Öffnungen, auch raumhoch, und Nischen, in Böden	$\leq$ 0,5 m² Einzelgröße übermessen	5.3.1
Fugen	übermessen	5.3.1
Unterbrechungen in der zu bekleidenden Fläche oder der Bekleidung durch Bauteile wie z.B. Fachwerkteile, Träger, Stützen, Unterzüge, Vorlagen, Lichtbänder, Einbauteile u.Ä. 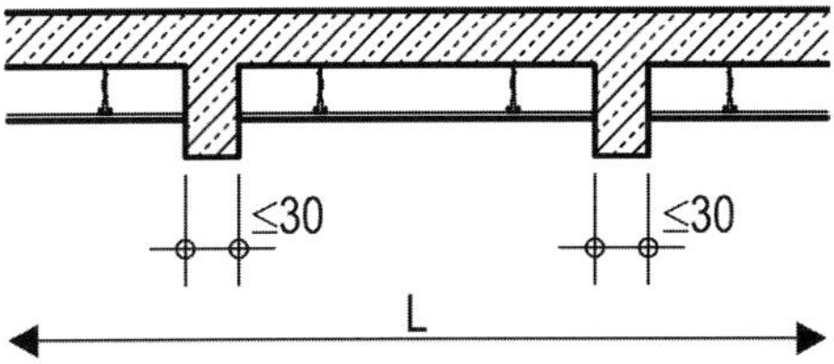 	mit einer Einzelbreite von $\leq$ 30 cm übermessen	5.3.1

Übermessungsregeln bei Abrechnung nach Längenmaß [m]

Worum geht es?	Wie wird gerechnet/ermittelt?	ATV
Unterbrechungen	mit einer Einzellänge $\leq$ 1 m übermessen	5.3.2

Einzelregelungen

Worum geht es?	Wie wird gerechnet/ermittelt?	ATV
▪ Anschlüsse, Reduzieranschlüsse ▪ Friese, Randfriese ▪ offene Fugen ▪ Vertiefungen ▪ Verkofferungen u.Ä. bei Bekleidungen und Flächen, die bekleidet sind	bis einschließlich 30 cm Einzelbreite übermessen und gesondert rechnen	5.4.1
Sonderformate z.B. Passplatten u.Ä.	immer gesondert rechnen	5.4.2
Gehrungen bei Friesen, Fugen, Nuten, Profilen u.Ä.	je Richtungswechsel (nur einmal) rechnen	5.4.3
Flächen bis einschließlich 5 m²	immer getrennt rechnen	5.4.4

ATV DIN 18345
Wärmedämm-Verbundsysteme

Allgemeines

Worum geht es?	Wie wird gerechnet/ermittelt?	ATV
Ermittlung der Leistung	erfolgt nach Zeichnung, wenn diese den ausgeführten Leistungen entspricht, andernfalls nach Aufmaß	5
zugrunde gelegt werden gleichgültig, ob die Leistungsermittlung nach Zeichnung oder Aufmaß erfolgt		5.1.1
bei Wärmedämmverbundsystemen und bei verputzten Außenwärmedämmungen	Maße der fertig verputzten Oberflächen oder der fertig belegten Oberflächen	5.1.1
vereinfachende Regeln Übermessungs- und Einzelregelungen	bei der Ermittlung der Leistungen anwenden	5.1.1

Ermittlung der Maße/Mengen

Abrechnung nach Flächenmaß [m²]

Worum geht es?	Wie wird gerechnet/ermittelt?	ATV
bei: ■ Wärmedämmverbundsystemen ■ verputzter Außenwärmedämmung ■ Auffütterungen ■ Dübelungen ■ Vorbehandlungen von Untergründen	Maße der fertig verputzten oder belegten Oberflächen rechnen	5.2.1

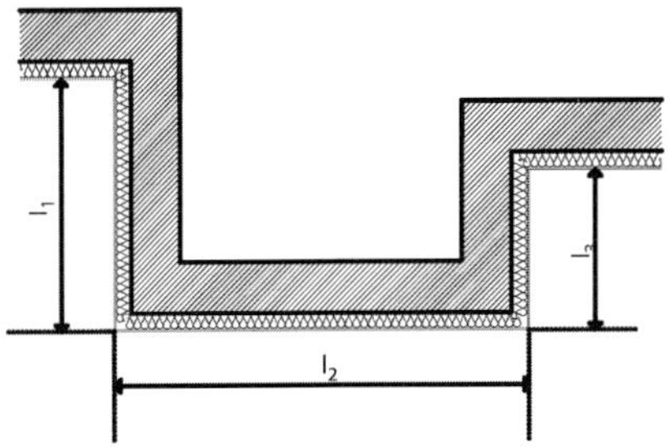

Worum geht es?	Wie wird gerechnet/ermittelt?	ATV
bei der Ermittlung von Maßen z.B. bei Friesen, Faschen, Wandanschlüssen, Dachsparren u.Ä. 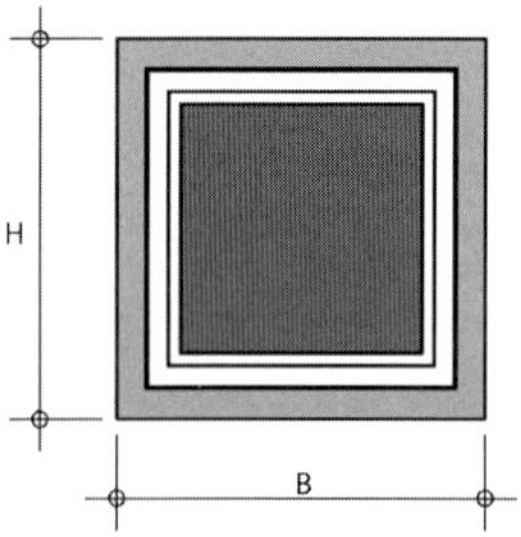	größtes ggf. abgewickeltes Bauteilmaß ansetzen	5.2.2
Rückflächen von Nischen und Laibungen egal, ob sie durch Reduzierung der Dämmstoffdicke oder durch bereits im Untergrund vorhandene Nischen gebildet werden 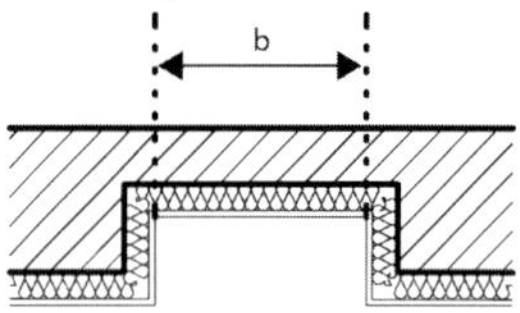 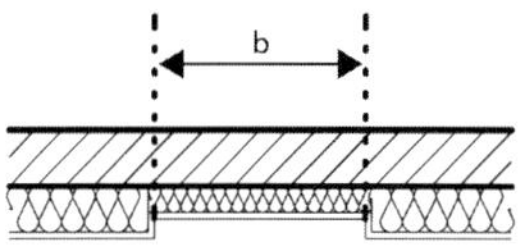 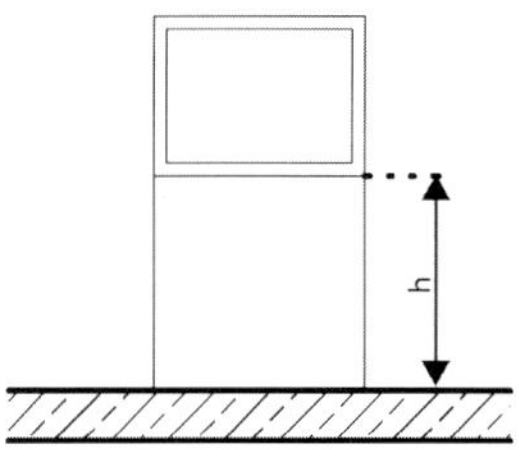	immer unabhängig von ihren Einzelgrößen mit ihren Maßen gesondert rechnen *Tipp:* *Wärmedämmverbundsysteme auf Flächen bis 2,5 m² nach Anzahl abrechnen, Laibungen nach Längenmaß*	5.2.3

Worum geht es?	Wie wird gerechnet/ermittelt?	ATV
verschiedenartige Aussparungen, die unmittelbar zusammenhängen z.B. Fensteröffnungen mit angrenzender Nische 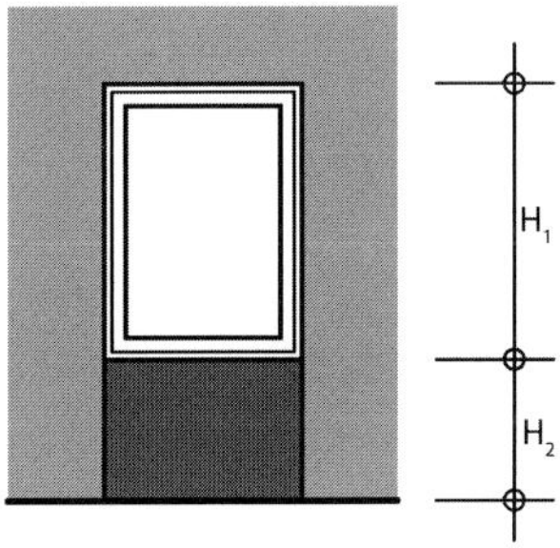	getrennt rechnen	5.2.4
Aussparung die anteilig in angrenzende, getrennt abzurechnende Flächen einbindet 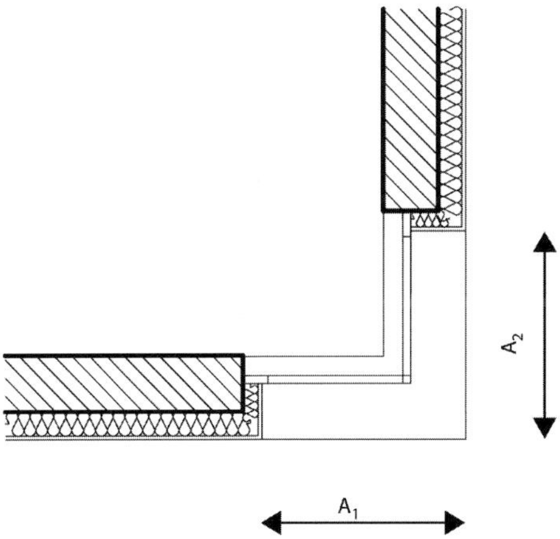	zur Ermittlung der Übermessungsgröße nur den jeweiligen Anteil rechnen, der in der betreffenden Fläche liegt	5.2.5

Worum geht es?	Wie wird gerechnet/ermittelt?	ATV
Maßermittlung bei vieleckigen Einzelflächen die nicht durch einfache geometrische Formeln für z.B. Rechtecke, Dreiecke, Trapeze, Rauten u.Ä. zu ermitteln sind 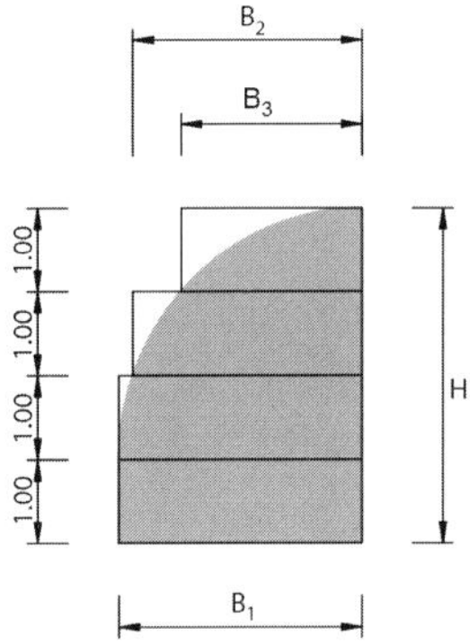	durch Aufteilung in umschreibende Rechtecke mit einer jeweiligen Breite von 1 m rechnen	5.2.6

Abzugs- und Übermessungsregeln

Übermessungsregeln

Worum geht es?	Wie wird gerechnet/ermittelt?	ATV
Maßermittlung für die Übermessung	immer kleinste Maße der Aussparung rechnen	5.3

Übermessungsregeln bei Abrechnung nach Flächenmaß [m^2]

Worum geht es?	Wie wird gerechnet/ermittelt?	ATV
Aussparungen z.B. Öffnungen, Nischen, Brandbarrieren u.Ä. 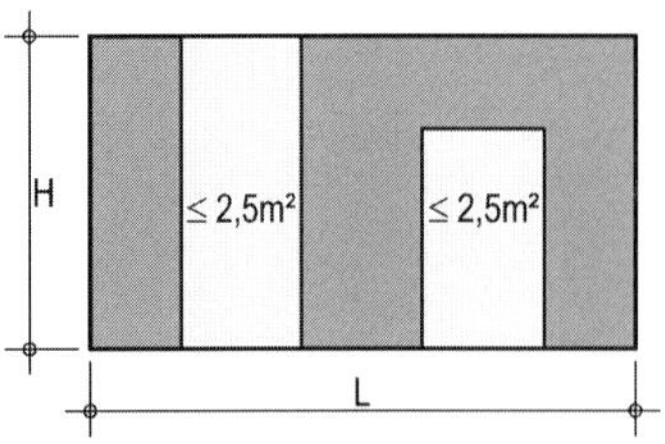	≤ 2,5 m^2 Einzelgröße übermessen	5.3.1

Worum geht es?	Wie wird gerechnet/ermittelt?	ATV
Unterbrechungen in der zu bearbeitenden Fläche z.B. durch Bauteile wie Fachwerkteile, Stützen, Unterzüge, Vorlagen, Gesimse, Balkonplatten, Podeste, Profile, Gurte, Friese, Umrahmungen, Nuten, Vertiefungen, Putzbänder, Brandriegel u.Ä. 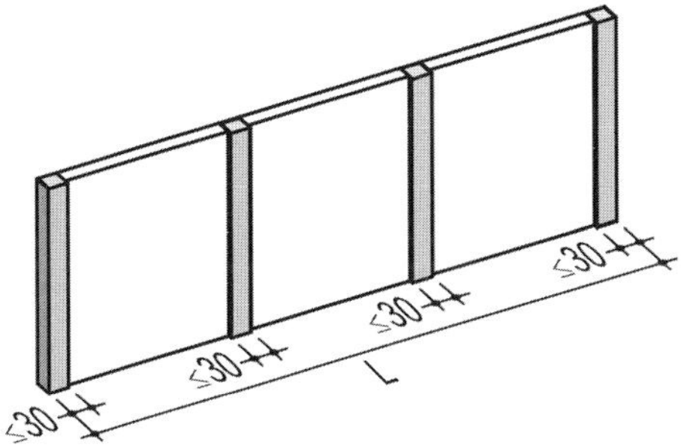	mit einer Einzelbreite ≤ 30 cm übermessen	5.3.1
Fugen	übermessen	5.3.1
Dekorprofile und -elemente	übermessen	5.3.1

Übermessungsregeln bei Abrechnung nach Längenmaß [m]

Worum geht es?	Wie wird gerechnet/ermittelt?	ATV
Unterbrechungen	mit Einzellängen ≤ 1 m übermessen	5.3.2

Einzelregelungen

Worum geht es?	Wie wird gerechnet/ermittelt?	ATV
Dekorprofile und -elemente	zusätzlich gesondert rechnen	5.4.1
Gehrungen, Kreuzungen, Verkröpfungen, Endungen, Dekorgesimse u.Ä.	zusätzlich gesondert rechnen	5.4.2

ATV DIN 18349 Betonerhaltungsarbeiten

Allgemeines

Worum geht es?	Wie wird gerechnet/ermittelt?	ATV
Ermittlung der Leistung	erfolgt nach Zeichnungen, wenn diese den ausgeführten Leistungen entspricht, andernfalls nach Aufmaß	5
zugrunde gelegt werden gleichgültig, ob die Leistungsermittlung nach Zeichnung oder Aufmaß erfolgt	Maße der behandelten Fläche	5.1.1
vereinfachende Regeln Übermessungs- und Einzelregelungen	bei der Ermittlung der Leistungen anwenden	5.1.1

Ermittlung der Maße/Mengen

Abrechnung nach Flächenmaß [m²] und Längenmaß [m]

Worum geht es?	Wie wird gerechnet/ermittelt?	ATV
Wandhöhen überwölbter Räume 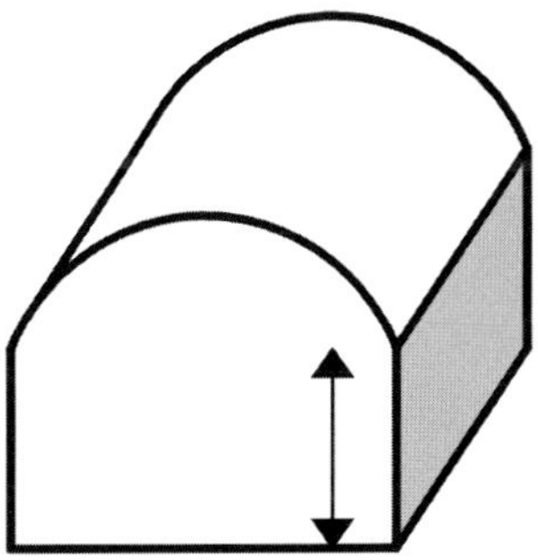	bis zum Gewölbeanschnitt rechnen	5.2.1

Worum geht es?	Wie wird gerechnet/ermittelt?	ATV
Wandhöhen von Schildwänden 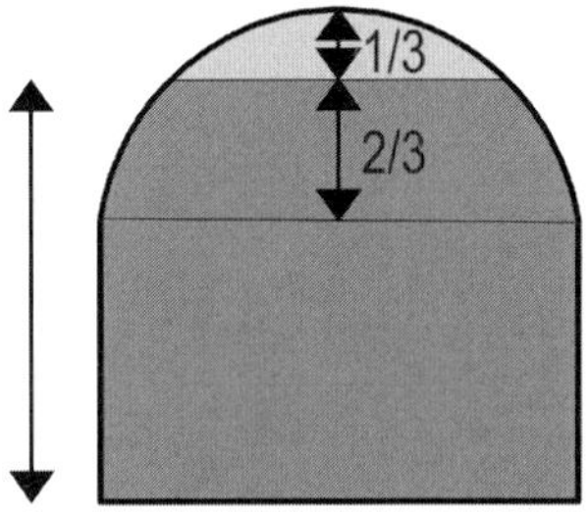	bis zu 2/3 der Stichhöhe des Gewölbestichs rechnen	5.2.1
Flächenermittlung von gewölbten Decken mit einer Stichhöhe **unter** 1/6 der Spannweite 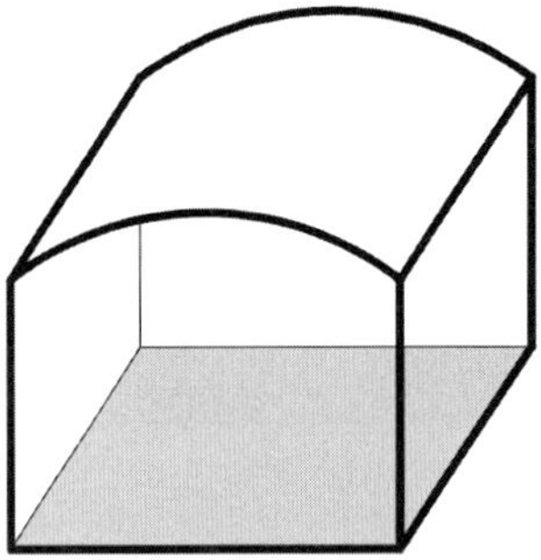	Grundfläche des überdeckten Raums rechnen	5.2.2
Flächenermittlung von gewölbten Decken mit einer Stichhöhe **über** 1/6 der Spannweite 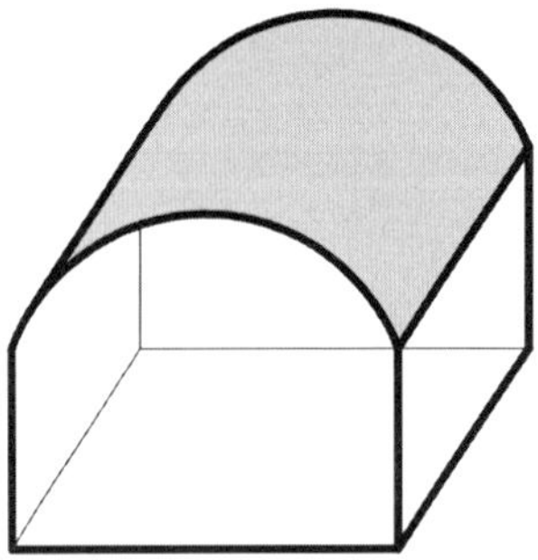	Fläche der abgewickelten Untersicht rechnen	5.2.2

Worum geht es?	Wie wird gerechnet/ermittelt?	ATV
Unterzüge und Balken, die in Stützen einbinden die breiter als die Stützen sind 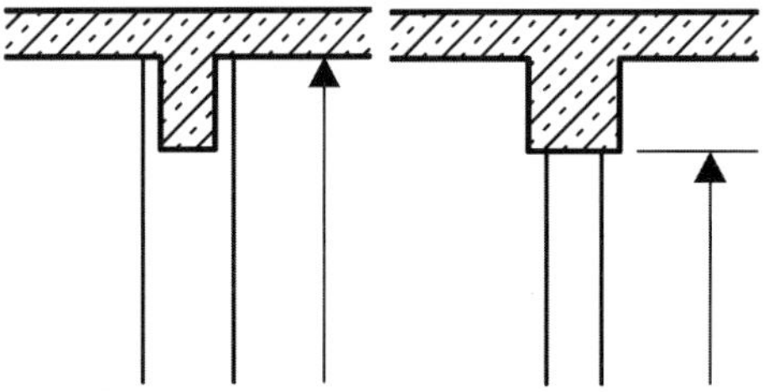	Unterzüge und Balken durchmessen und Stützen in diesem Fall bis Unterseite Unterzug oder Balken rechnen	5.2.3
bei Ausbrüchen und Schichten mit ungleichmäßiger Dicke 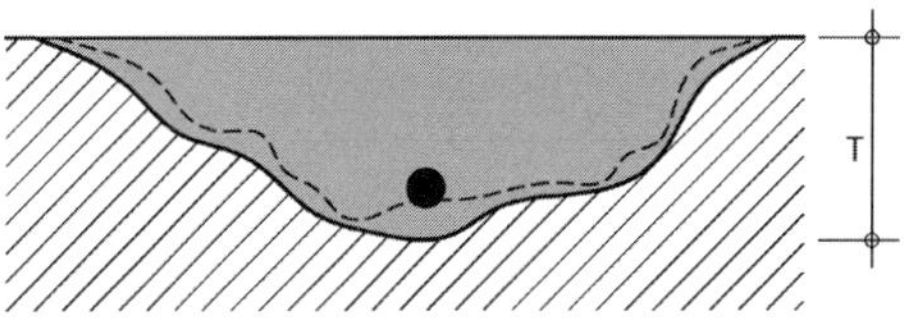	größte Bearbeitungstiefe feststellen durch Vergleich der Profile vor und nach der Ausführung	5.2.4
verschiedenartige Aussparungen, die unmittelbar zusammenhängen bei Ausbrüchen und Schichten z.B. Öffnungen mit angrenzender Nische 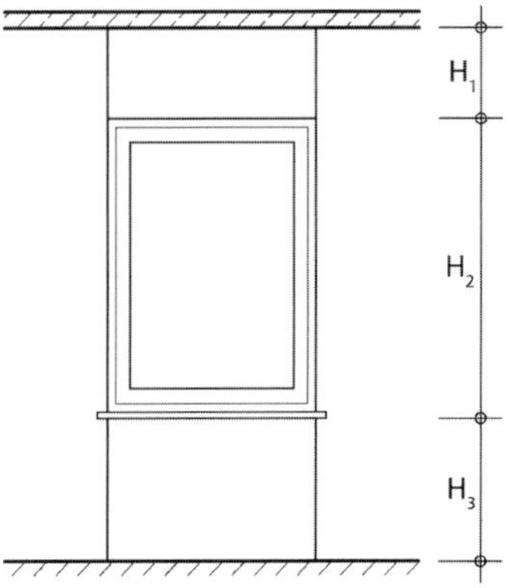	getrennt rechnen	5.2.5

Worum geht es?	Wie wird gerechnet/ermittelt?	ATV
Treppenwangen 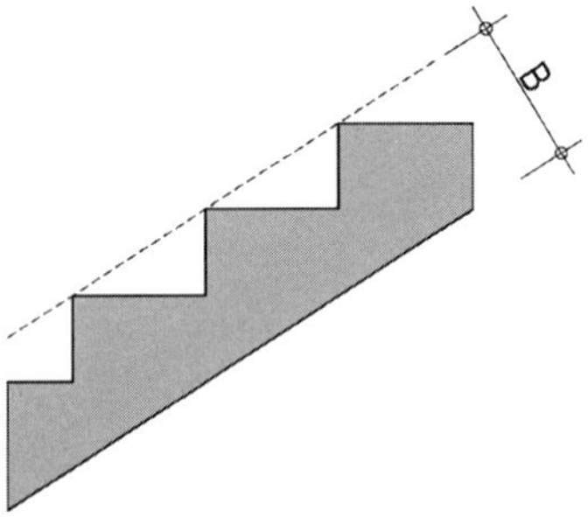	in ihrer maximalen Breite rechnen	5.2.6
Reprofilierungen von Kanten	gesondert in der Abwicklung ermitteln	5.2.7
Freilegen von Bewehrungsstahl, Ausbrüchen sowie das Wiederherstellen der Oberfläche 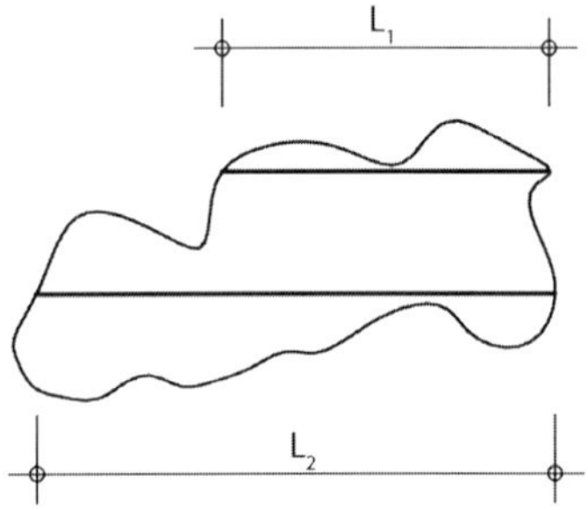	nach den größten Maßen rechnen *Tipp:* *Freilegen von Bewehrungsstahl über 1 m Einzellänge ist gemäß 0.5.2 nach dem Längenmaß abzurechnen.*	5.2.8
Einzelflächen die beliebig geformt sind 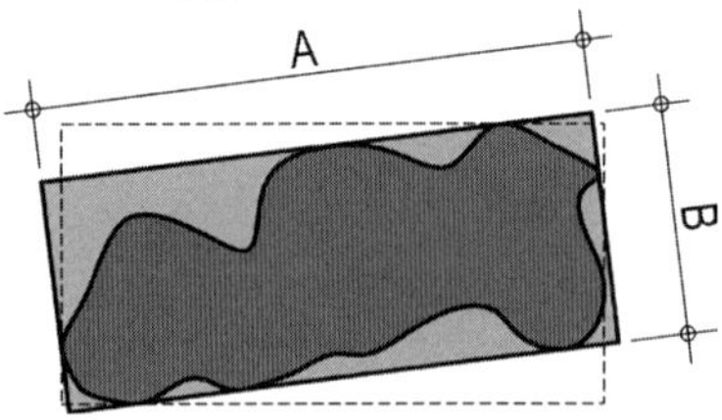	kleinstes umschriebenes Rechteck rechnen **Achtung:** Einzelflächen in Form von Kreisen, Dreiecken, Trapezen und Rauten unterliegen nicht der Regelung unter 5.2.9.	5.2.9

Worum geht es?	Wie wird gerechnet/ermittelt?	ATV
bei Schalungen bei Abrechnung nach Flächenmaß [m²] 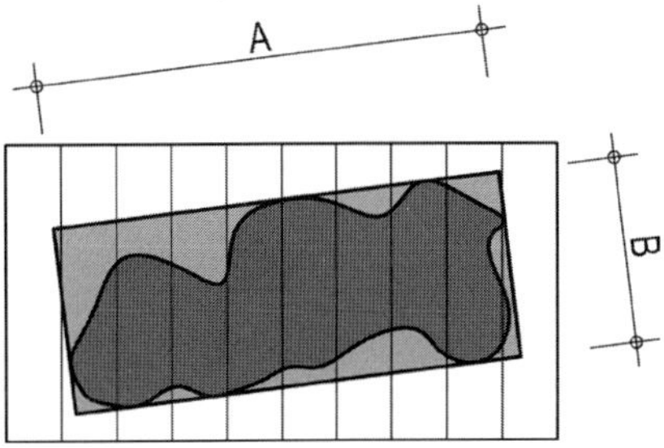 	kleinstes umschriebenes Rechteck rechnen *Tipp:* *Da die Maße der behandelten Fläche zugrunde zu legen sind, ist für die Schalung die Fläche maßgebend, deren Bearbeitung sie dient.*	5.2.10
Schutzabdeckungen bei Abrechnung nach Flächenmaß [m²]	abgewickelte Fläche rechnen	5.2.11
Vorbereitung und Anbringen von Korrosionsschutz bei Bewehrungsstahl	gesondert rechnen *Tipp:* *Korrosionsschutz an Bewehrungsstahl bis 1 m Länge wird nach Längenmaß abgerechnet, unter 1 m Länge nach Anzahl.*	5.2.12
Fugenbänder und Fugenprofile 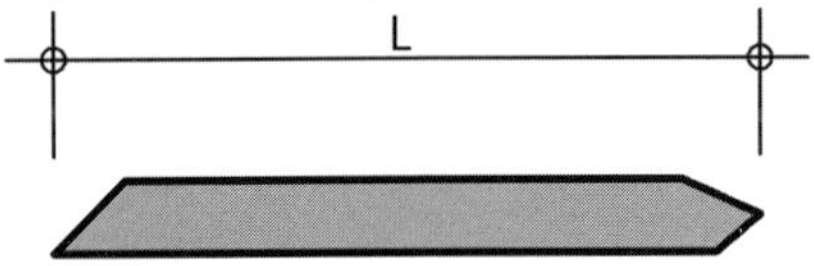 	in ihrer größten Länge rechnen, Schrägschnitte und Gehrungen werden mitgemessen	5.2.15
Mehrverbrauch oder Minderverbrauch von Füllstoffen	gesondert rechnen	5.2.16
Angleichen abgedichteter Risse an die Betonstruktur	Leistung nach Risslänge gesondert rechnen	5.2.17
flächige Verdämmungen bei Abrechnung nach Flächenmaß [m²]	kleinstes umschreibendes Rechteck rechnen **Achtung:** Einzelflächen in Form von Kreisen, Dreiecken, Trapezen und Rauten unterliegen nicht der Regelung unter 5.2.18.	5.2.18

Abrechnung nach Masse [kg, t]

Worum geht es?	Wie wird gerechnet/ermittelt?	ATV
Liefern, Schneiden, Biegen und Einbauen von Bewehrungsstahl	gesondert nach errechneter Masse abrechnen	5.2.13
Liefern, Schneiden, Biegen und Einbauen bei genormten Stählen	Berechnung nach Angaben in DIN-Normen	5.2.13
Liefern, Schneiden, Biegen und Einbauen bei sonstigen Stählen	Angaben nach Profilbuch der Hersteller	5.2.13
Bindedraht, Walztoleranzen und Verschnitt	bei der Ermittlung der Abrechnungsmasse von Bewehrungsstahl nicht berücksichtigen	5.2.14

Abzugs- und Übermessungsregeln

Übermessungsregeln bei Abrechnung nach Flächenmaß [m²]

Worum geht es?	Wie wird gerechnet/ermittelt?	ATV
Fugen	übermessen	5.3.1
Aussparungen z.B. Öffnungen und Nischen	≤ 2,5 m² Einzelgröße übermessen	5.3.1
Unterbrechungen in der behandelten Fläche durch Bauteile wie z.B. Stützen, Unterzüge, Vorlagen u.Ä. 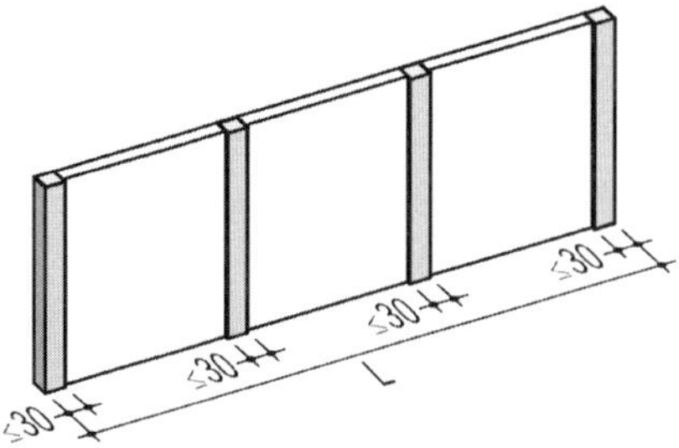	mit einer Einzelbreite ≤ 30 cm übermessen	5.3.1

Übermessungsregeln bei Abrechnung nach Längenmaß [m]

Worum geht es?	Wie wird gerechnet/ermittelt?	ATV
Unterbrechungen	mit Einzellänge ≤ 1 m übermessen	5.3.2

Einzelregelungen

Keine Regelungen

ATV DIN 18350
Putz- und Stuckarbeiten

Allgemeines

Worum geht es?	Wie wird gerechnet/ermittelt?	ATV
Ermittlung der Leistung	erfolgt nach Zeichnung, wenn diese den ausgeführten Leistungen entspricht, andernfalls nach Aufmaß	5
zugrunde gelegt werden gleichgültig, ob die Leistungsermittlung nach Zeichnung oder Aufmaß erfolgt	Maße der ▪ behandelten ▪ hergestellten und ▪ bekleideten Flächen	5.1
vereinfachende Regeln Übermessungs- und Einzelregelungen	bei der Ermittlung der Leistungen anwenden	5.1

Ermittlung der Maße/Mengen

Abrechnung nach Flächenmaß [m^2] und nach Längenmaß [m]

Worum geht es?	Wie wird gerechnet/ermittelt?	ATV
Innenflächen ohne begrenzende Bauteile für: ▪ Putz, Stuck ▪ Dämmungen ▪ Trenn- und Schutzschichten, Folien, Dampfbremsen ▪ Auffütterungen ▪ Bekleidungen Vorsatzschalen ▪ Dübelungen, Unterkonstruktionen ▪ flächige Bewehrungen, Putzträger ▪ sowie bei der Vorbereitung von Untergründen 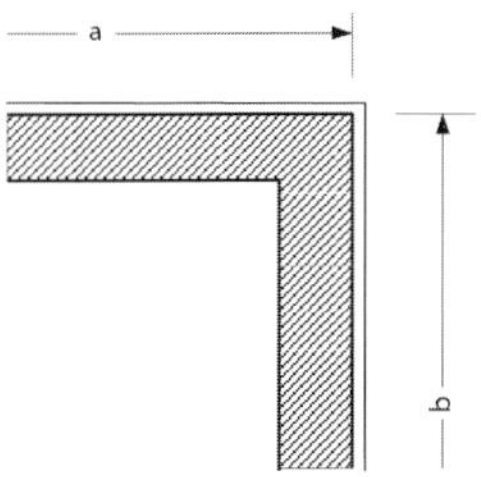	Maße der zu putzenden, zu dämmenden, zu bekleidenden bzw. mit Stuck zu versehenden Flächen rechnen	5.2.1

Worum geht es?	Wie wird gerechnet/ermittelt?	ATV
Innenflächen mit begrenzenden Bauteilen für: ▪ Putz, Stuck ▪ Dämmungen ▪ Trenn- und Schutzschichten, Folien, Dampfbremsen ▪ Auffütterungen ▪ Bekleidungen Vorsatzschalen ▪ Dübelungen, Unterkonstruktionen ▪ flächige Bewehrungen, Putzträger ▪ sowie bei der Vorbereitung von Untergründen 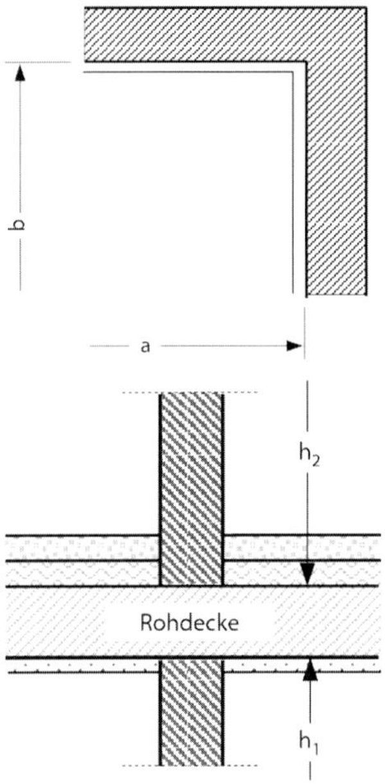 	Maße der zu behandelnden Flächen bis zu den sie begrenzenden, ungeputzten, ungedämmten bzw. unbekleideten Bauteilen rechnen *Tipp:* *Als begrenzende Bauteile gelten bei Innenflächen Rohwände und -decken, Stützen, Unterzüge, Stahlträger und tragende Holzbauteile.*	5.2.1

Worum geht es?	Wie wird gerechnet/ermittelt?	ATV
bei Fassaden 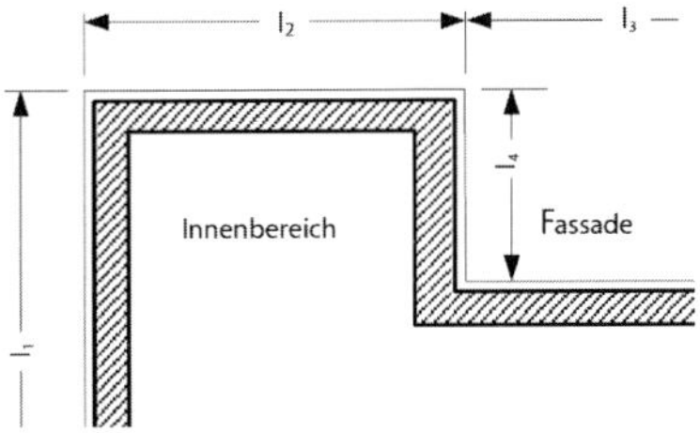	Maße der hergestellten Flächen rechnen	5.2.1
bei der Ermittlung von Maßen z.B. bei Wandanschlüssen, umlaufenden Friesen, Faschen, An- und Einarbeitungen an Bauteilen, Einbauteilen u.Ä. 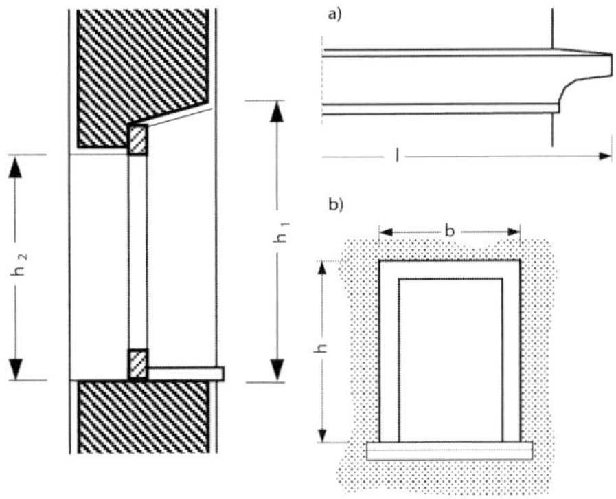	größtes, ggf. abgewickeltes Bauteilmaß zugrunde legen	5.2.2
Rückflächen von Nischen und Laibungen 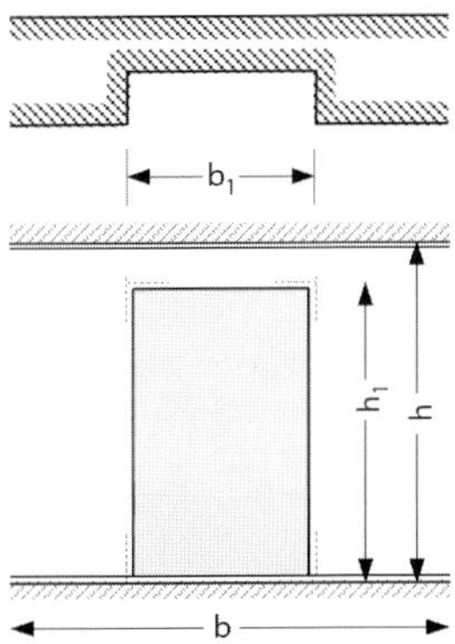	unabhängig von ihren Einzelgrößen mit ihren Maßen gesondert rechnen *Tipp:* *gilt auch, wenn die Nische übermessen wird*	5.2.3

Worum geht es?	Wie wird gerechnet/ermittelt?	ATV
verschiedenartige Aussparungen, die unmittelbar zusammenhängen z.B. Öffnungen mit angrenzender Nische 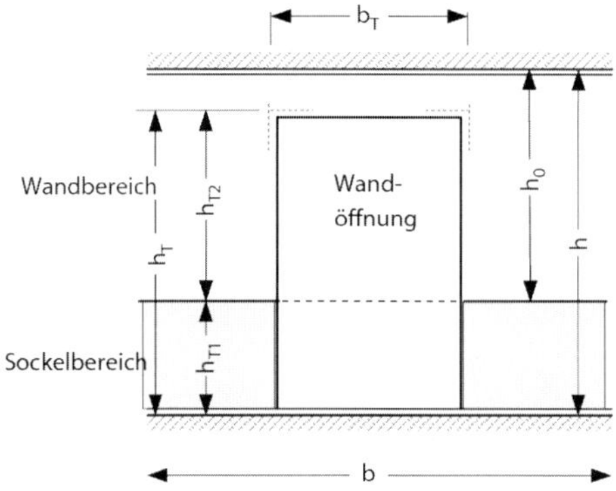	getrennt rechnen	5.2.4
Aussparung die anteilig in angrenzende, getrennt abzurechnende Flächen einbindet 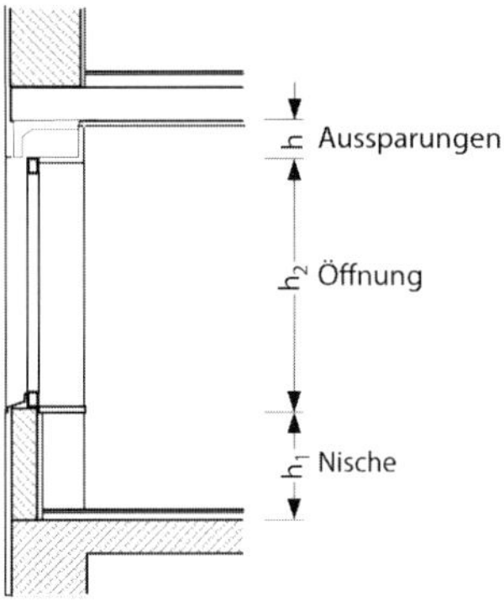	zur Ermittlung der Übermessungsgröße nur den jeweiligen Anteil rechnen, der in der betreffenden Fläche liegt	5.2.5
Maßermittlung bei beliebig geformten Einzelflächen, die sich nicht überschneiden dürfen 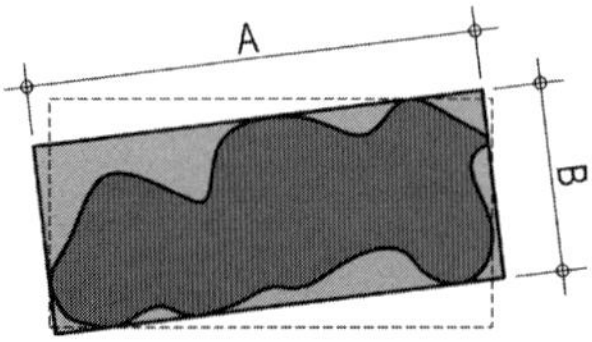	kleinstes umschriebenes Rechteck rechnen **Achtung:** Einzelflächen in Form von Kreisen, Dreiecken, Trapezen und Rauten unterliegen nicht der Regelung unter 5.2.6.	5.2.6

Abzugs- und Übermessungsregeln

Übermessungsregeln bei Abrechnung nach Flächenmaß [m²]

Worum geht es?	Wie wird gerechnet/ermittelt?	ATV
Aussparungen, z.B. Nischen und Öffnungen, auch raumhoch in Decken, Wänden, Dächern, Schalungen, Wand- und Deckenbekleidungen, Vorsatzschalen, Dämmstoffschichten, Dampfbremsen sowie leichten Außenwandbekleidungen 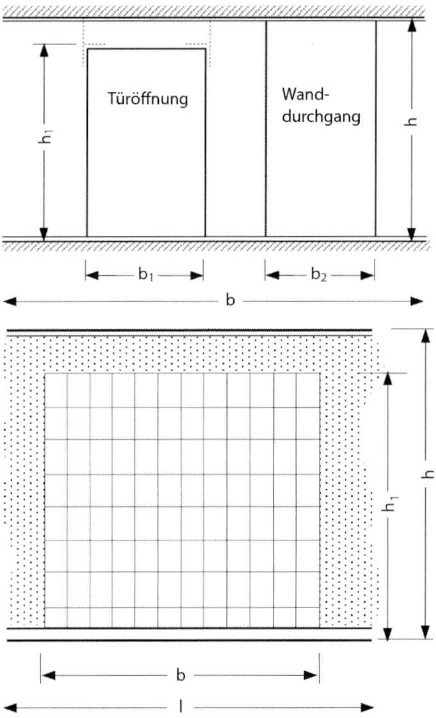	≤ 2,5 m² Einzelgröße übermessen Basis bei der Ermittlung der Übermessungsgrößen sind die kleinsten Maße der Aussparung	5.3.1
Fugen	übermessen	5.3.1

Worum geht es?	Wie wird gerechnet/ermittelt?	ATV
Unterbrechungen in der zu bearbeitenden Fläche durch Bauteile wie z.B. Fachwerkteile, Stützen, Unterzüge, Vorlagen, Gesimse, Balkonplatten, Podeste, Gurte, Putzbänder u.Ä. 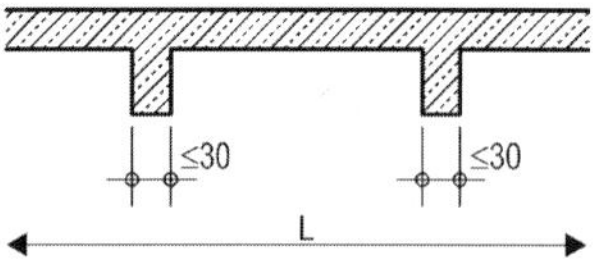	mit einer Einzelbreite ≤ 30 cm übermessen	5.3.1

Übermessungsregeln bei Abrechnung nach Längenmaß [m]

Worum geht es?	Wie wird gerechnet/ermittelt?	ATV
Unterbrechungen	≤ 1 m Einzellänge übermessen	5.3.2

Einzelregelungen

Worum geht es?	Wie wird gerechnet/ermittelt?	ATV
Wandhöhen überwölbter Räume 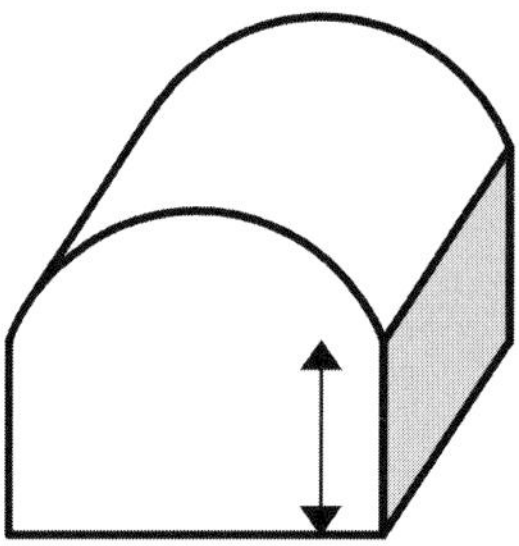	bis zum Gewölbeanschnitt rechnen	5.4.1
Wandhöhen von Schildwänden 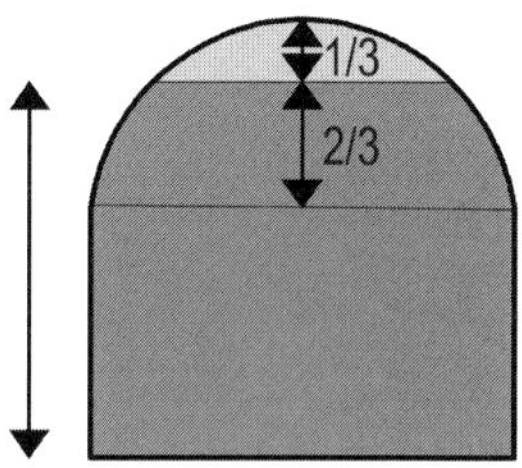	bis zu 2/3 des Gewölbestichs rechnen	5.4.1

Worum geht es?	Wie wird gerechnet/ermittelt?	ATV
Flächenermittlung gewölbter Decken 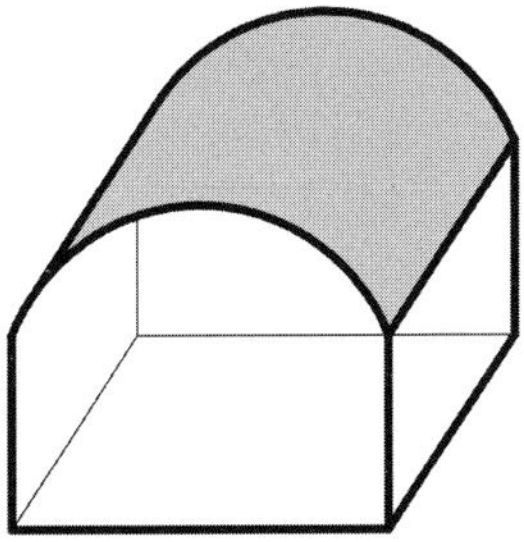	Fläche der abgewickelten Untersicht rechnen	5.4.2
Gehrungen, Kreuzungen, Verkröpfungen und Endungen von Stuckgesimsen, Rosetten u.Ä.	immer gesondert rechnen	5.4.3
Schornsteinköpfe verputzen	immer gesondert rechnen	5.4.4
Diagonalbewehrungen einarbeiten	immer gesondert rechnen	5.4.4

ATV DIN 18351
Vorgehängte Hinterlüftete Fassaden

Allgemeines

Worum geht es?	Wie wird gerechnet/ermittelt?	ATV
Ermittlung der Leistung	erfolgt nach Zeichnungen, wenn diese den ausgeführten Leistungen entsprechen, andernfalls nach Aufmaß	5
zugrunde gelegt werden gleichgültig, ob die Leistungsermittlung nach Zeichnung oder Aufmaß erfolgt		5.1
bei: ■ Bekleidungen ■ Unterkonstruktionen ■ Dämmstoffschichten ■ Oberflächenbehandlungen u.Ä. 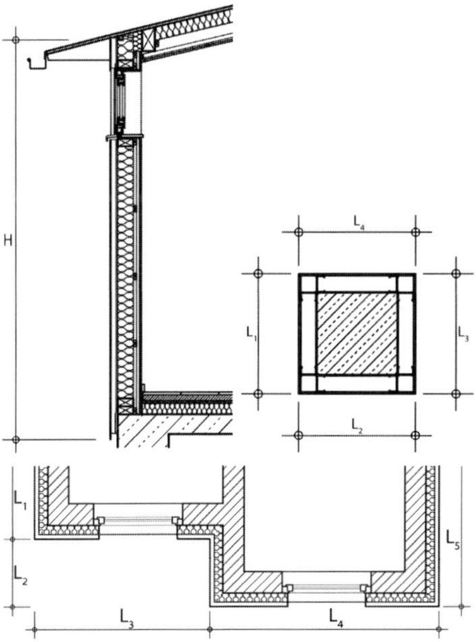	Außenmaße der Bekleidung	5.1

Worum geht es?	Wie wird gerechnet/ermittelt?	ATV
vereinfachende Regeln Übermessungs- und Einzelregelungen	bei der Ermittlung der Leistungen anwenden	5.1

Ermittlung der Maße/Mengen

Abrechnung nach Flächenmaß [m^2]

Worum geht es?	Wie wird gerechnet/ermittelt?	ATV
bei der Ermittlung von Maßen 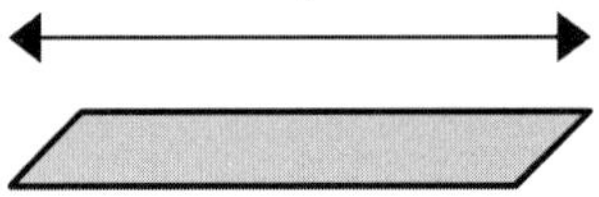	größte Bauteillänge messen *Tipp:* *gilt generell, also auch bei der Abrechnung nach Längenmaß oder Anzahl*	5.2.1
bei gebogenen Bauteilen 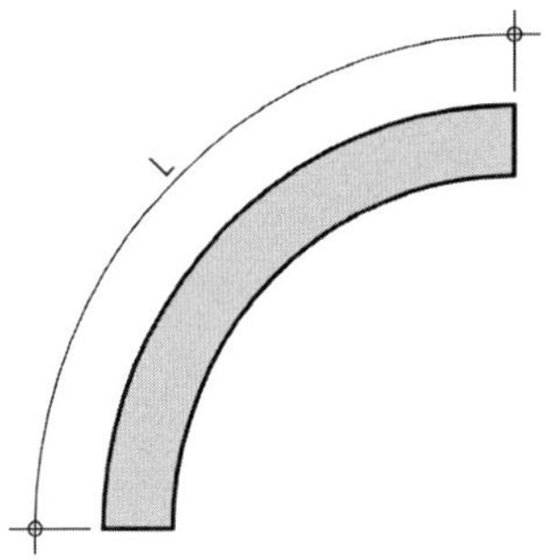 	äußere abgewickelte Bauteillänge messen	5.2.1
bei Einzelbauteilen mit nicht rechtwinkligen Flächen 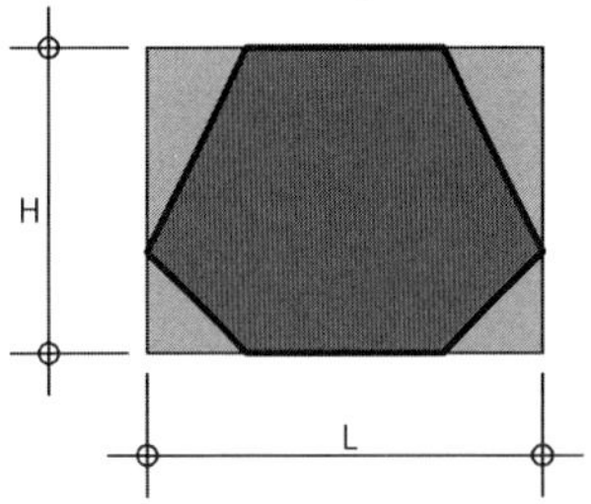 	kleinstes umschriebenes Rechteck rechnen	5.2.2

Worum geht es?	Wie wird gerechnet/ermittelt?	ATV
bei der Herstellung von Bauteilen verschiedenartige Aussparungen, die unmittelbar zusammenhängen z.B. Öffnungen mit angrenzenden Nischen 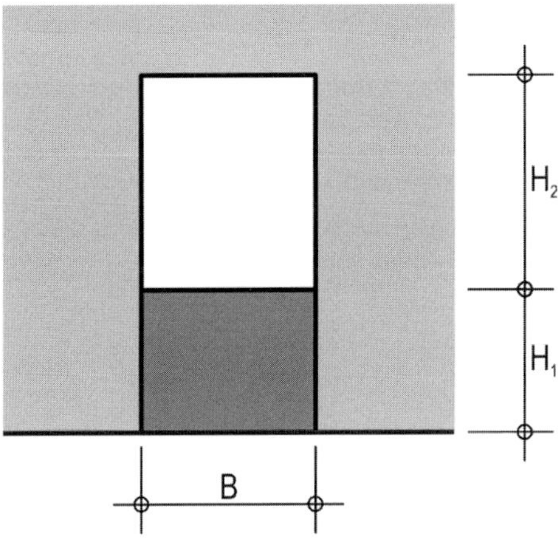	getrennt rechnen	5.2.3
gleichartige Aussparungen, die durch konstruktive Elemente getrennt sind	getrennt rechnen	5.2.3
Aussparungen, die anteilig in angrenzende, getrennt zu rechnende Flächen einbinden 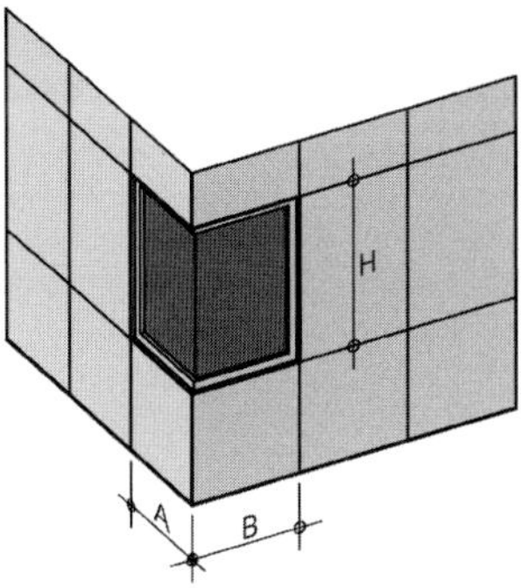	die jeweiligen anteiligen Aussparungsflächen für die Übermessungsgröße ermitteln	5.2.4

Abzugs- und Übermessungsregeln

Übermessungsregeln bei Abrechnung nach Flächenmaß [m²]

Worum geht es?	Wie wird gerechnet/ermittelt?	ATV
Aussparungen z.B. Öffnungen und Nischen, auch raumhoch	bis einschließlich 2,5 m^2 Einzelgröße übermessen Basis für die Ermittlung von Abzugsmaßen ist bei Aussparungen stets deren kleinste Abmessung.	5.3.1
Unterbrechungen in der Fassadenfläche durch Bauteile z.B. Fachwerkteile, Stützen, Unterzüge, Vorlagen 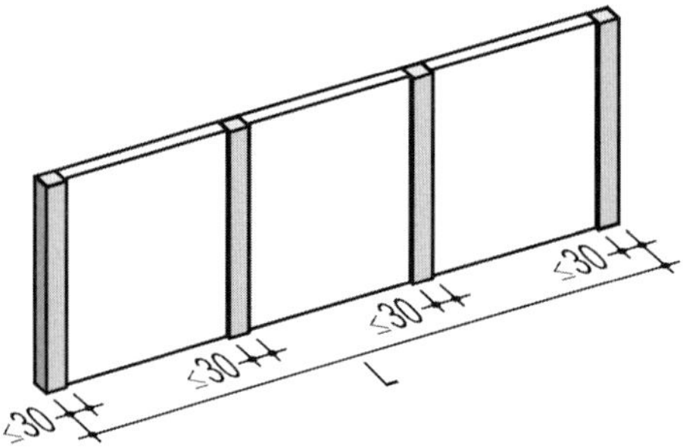	wenn die Einzelbreite ≤ 30 cm beträgt, übermessen	5.3.1
Fugen 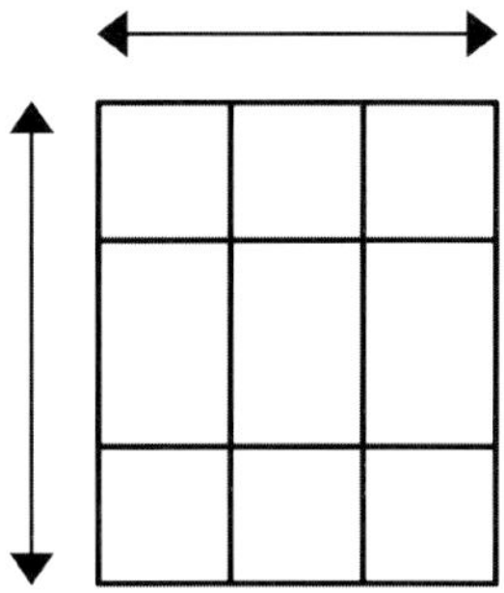	übermessen	5.3.1
Passplatten	übermessen	5.3.1

Übermessungsregeln bei Abrechnung nach Längenmaß [m]

Worum geht es?	Wie wird gerechnet/ermittelt?	ATV
Unterbrechungen	bis einschließlich 1 m Einzellänge übermessen	5.3.2
Fugen	übermessen	5.3.2

Einzelregelungen

Worum geht es?	Wie wird gerechnet/ermittelt?	ATV
Sonderformate z.B. Passplatten u.Ä. 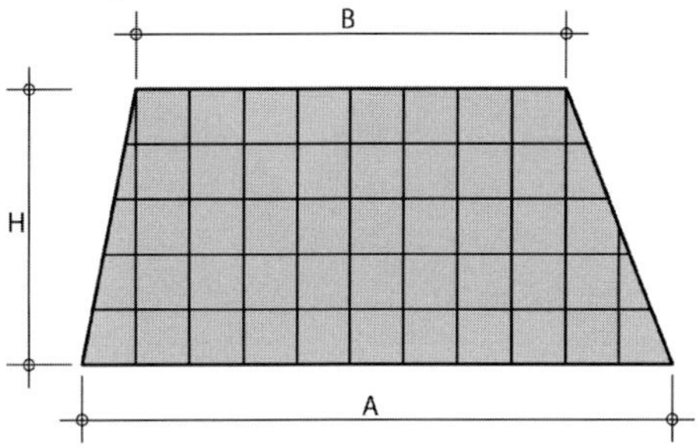	gesondert rechnen	5.4

ATV DIN 18352
Fliesen- und Plattenarbeiten

Allgemeines

Worum geht es?	Wie wird gerechnet/ermittelt?	ATV
Ermittlung der Leistung	erfolgt nach Zeichnungen, wenn diese den ausgeführten Leistungen entsprechen, andernfalls nach Aufmaß	5
zugrunde gelegt werden gleichgültig, ob die Leistungsermittlung nach Zeichnung oder Aufmaß erfolgt		5.1.1
auf Flächen mit begrenzenden Bauteilen bei: ■ Innenwandbekleidungen ■ Deckenbekleidungen ■ Bodenbelägen ■ Ausgleichs- und Trennschichten ■ Dämmstoffschichten ■ Unterböden ■ Oberflächenbehandlungen ■ Bewehrungen ■ Trag- und Unterkonstruktionen u.Ä. 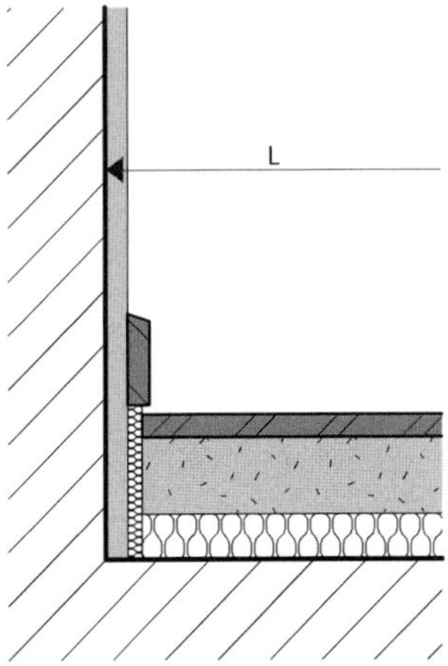 	Maße der zu bekleidenden oder zu belegenden Flächen bis zu den begrenzenden, ungeputzten, ungedämmten bzw. unbekleideten Bauteilen	5.1.1.1

Worum geht es?	Wie wird gerechnet/ermittelt?	ATV
auf Flächen ohne begrenzende Bauteile bei: ■ Innenwandbekleidungen ■ Deckenbekleidungen ■ Bodenbelägen ■ Ausgleichs- und Trennschichten ■ Dämmstoffschichten ■ Unterböden ■ Oberflächenbehandlungen ■ Bewehrungen ■ Trag- und Unterkonstruktionen u.Ä. 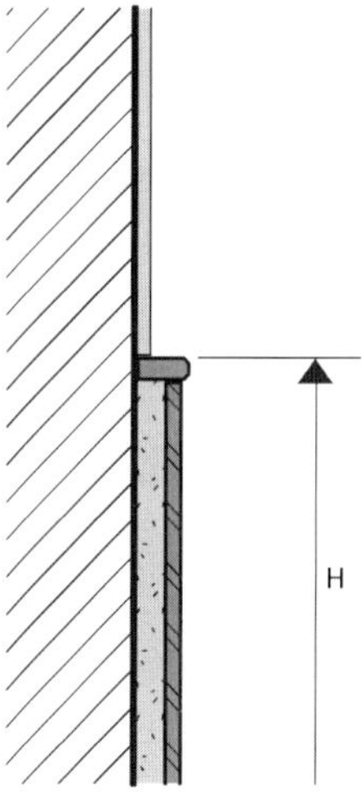 	Maße der zu bekleidenden oder zu belegenden Flächen	5.1.1.1

Worum geht es?	Wie wird gerechnet/ermittelt?	ATV
bei Wandbekleidungen die auf Stehsockeln, Kehlsockeln, Kehlleisten oder ausgerundeten Ecken als Sockel aufsetzen 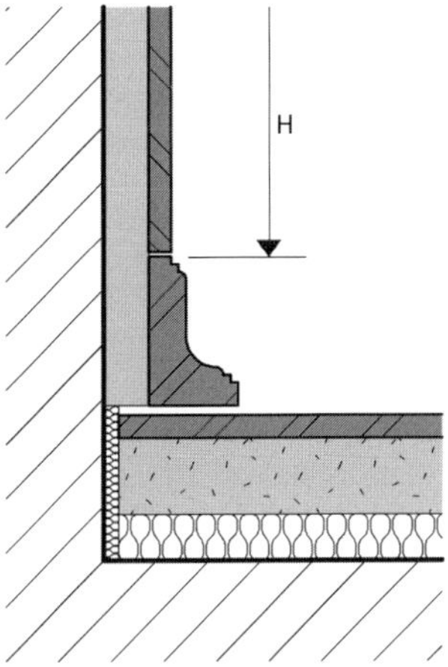 	Maß ab Oberseite Sockel	5.1.1.2
bei Wandbekleidungen die unmittelbar auf den Bodenbelag aufsetzen 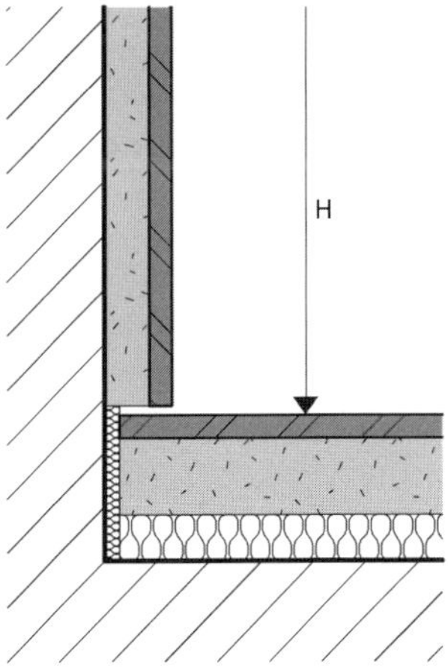 	Maß ab Oberseite Bodenbelag	5.1.1.2

Worum geht es?	Wie wird gerechnet/ermittelt?	ATV
bei Fassaden 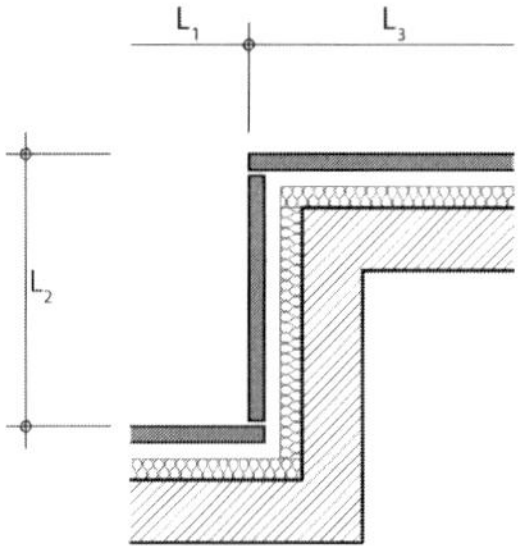	Maße der Bekleidung bzw. deren abgewickelte Ansichtsfläche	5.1.1.3

Worum geht es?	Wie wird gerechnet/ermittelt?	ATV
bei: ■ Stufenbelägen 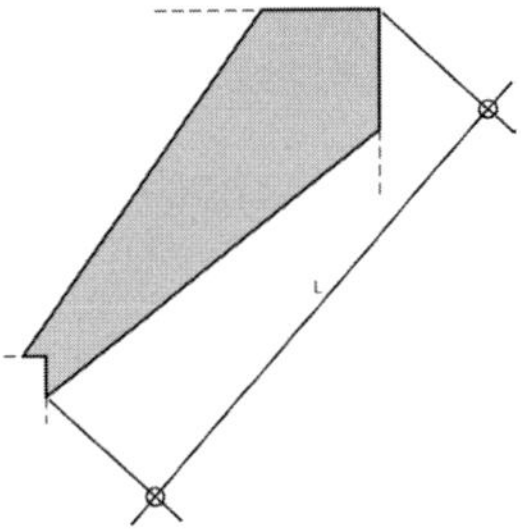 ■ Schwellen 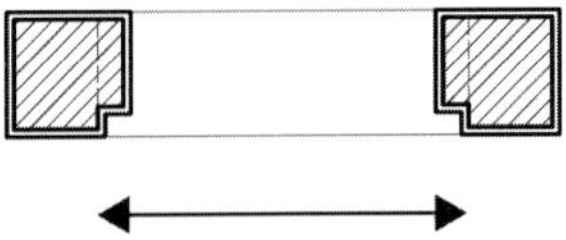 ■ Sockeln 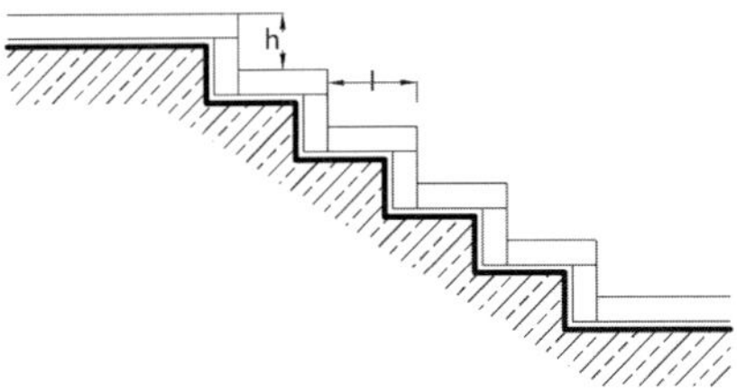 ■ Kehlen ■ Gehrungen an Fliesen- und Plattenkanten ■ Schrägschnitten 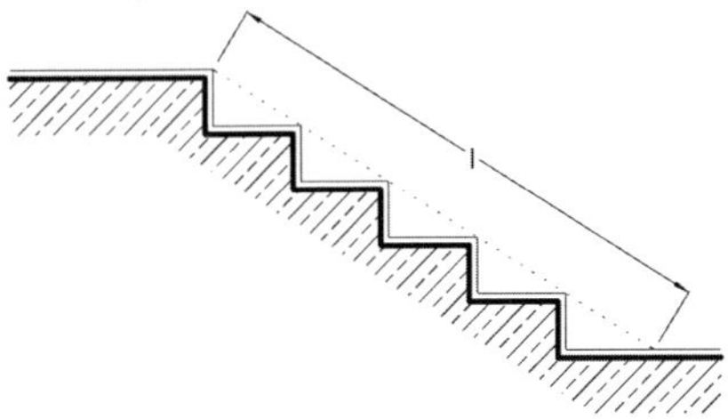	größte Maße des abzurechnenden Bauteils *Tipp:* *entspricht dem kleinsten umschreibenden Rechteck*	5.1.1.4

Ermittlung der Maße/Mengen

Abrechnung nach Flächenmaß [m²]

Worum geht es?	Wie wird gerechnet/ermittelt?	ATV
▪ Profilen, Leisten, Schienen ▪ Beckenköpfen u.Ä.		
Wandbekleidungen aus Schichten in voller Raumhöhe	gemäß 5.1.1.1 und 5.1.1.2 rechnen	5.1.2
Wandbekleidungen aus Schichten in nicht voller Raumhöhe bei der die nicht volle Schicht mehr als die halbe Schichthöhe beträgt 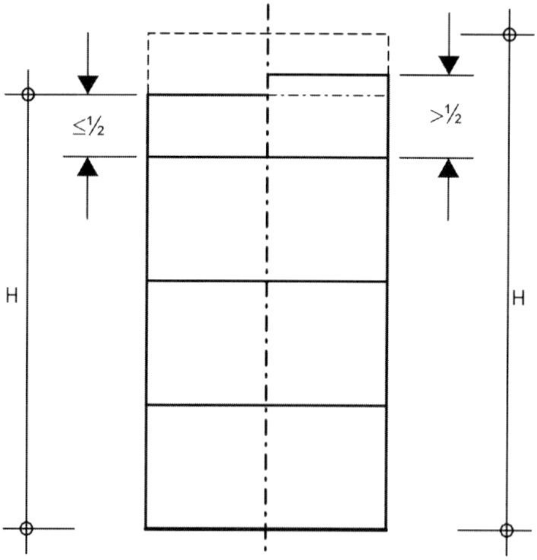	Schicht mit der vollen Schichthöhe abrechnen	5.1.2

Worum geht es?	Wie wird gerechnet/ermittelt?	ATV
Wandbekleidungen, deren Höhe in der Leistungsbeschreibung durch Maßangaben festgelegt sind	mit dem vereinbarten Höhenmaß abrechnen	5.1.2
Wandbekleidungen, deren Schichthöhen größer als 30 cm sind	tatsächliche Höhe der Wandbekleidung abrechnen, unter Beachtung von 5.1.1.1 und 5.1.1.2	5.1.2
Fliesentrennwände oder Wände aus Zellenwandsteinen die in Beläge einbinden 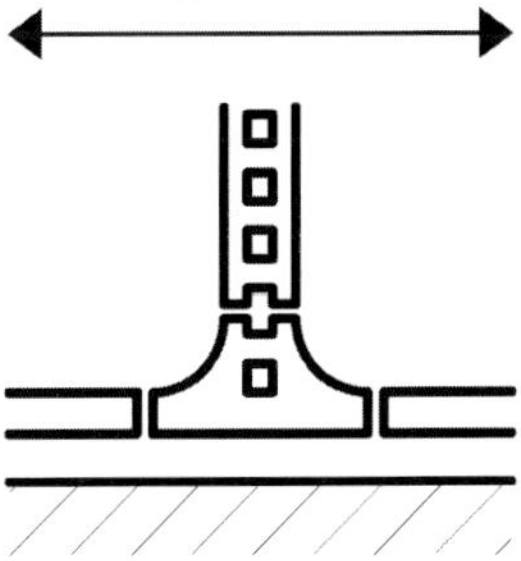	Beläge durchrechnen	5.1.3
Fliesentrennwände die sich kreuzen oder ineinander einbinden 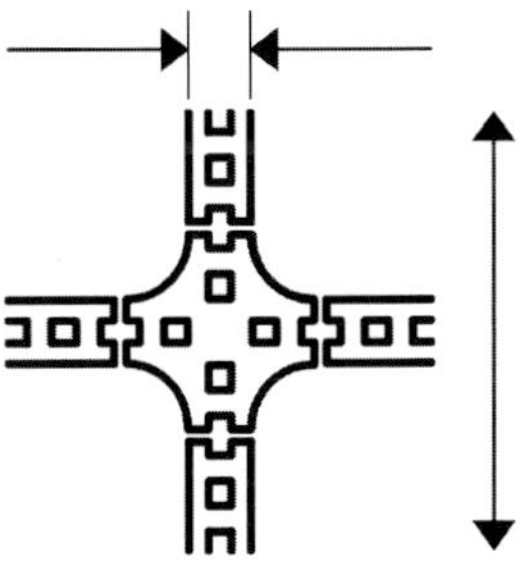	nur eine Wand durchrechnen	5.1.3

Abrechnung nach Längenmaß [m]

Worum geht es?	Wie wird gerechnet/ermittelt?	ATV
bei Ermittlung des Längenmaßes 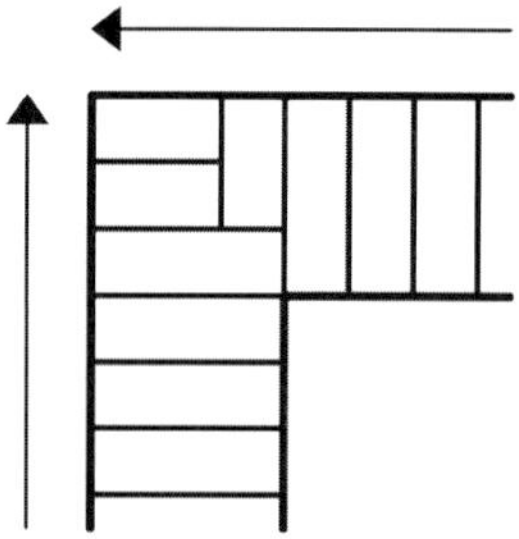	größte Bauteillänge messen	5.1.4

Abzugs- und Übermessungsregeln

Übermessungsregeln bei Abrechnung nach Flächenmaß [m²]

Worum geht es?	Wie wird gerechnet/ermittelt?	ATV
Bordüren, Profilleisten, Zierplatten und Formteile, z.B. Seifenschalen die in der verlegten Bekleidung oder im verlegten Belag eingesetzt sind 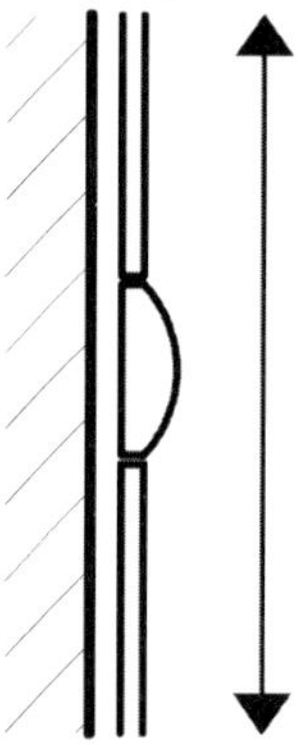	übermessen	5.1.5

Abzug bei Abrechnung nach Flächenmaß [m²]

Worum geht es?	Wie wird gerechnet/ermittelt?	ATV
Aussparungen und Öffnungen	über 0,1 m^2 Einzelgröße	5.2.1

Abzug bei Abrechnung nach Längenmaß [m]

Worum geht es?	Wie wird gerechnet/ermittelt?	ATV
Unterbrechungen	über 1 m Einzellänge	5.2.2

ATV DIN 18353
Estricharbeiten

Allgemeines

Worum geht es?	Wie wird gerechnet/ermittelt?	ATV
Ermittlung der Leistung	erfolgt nach Zeichnungen, wenn diese den ausgeführten Leistungen entsprechen, andernfalls nach Aufmaß	5
zugrunde gelegt werden gleichgültig, ob die Leistungsermittlung nach Zeichnung oder Aufmaß erfolgt		5.1.1
bei hergestellten Estrichen 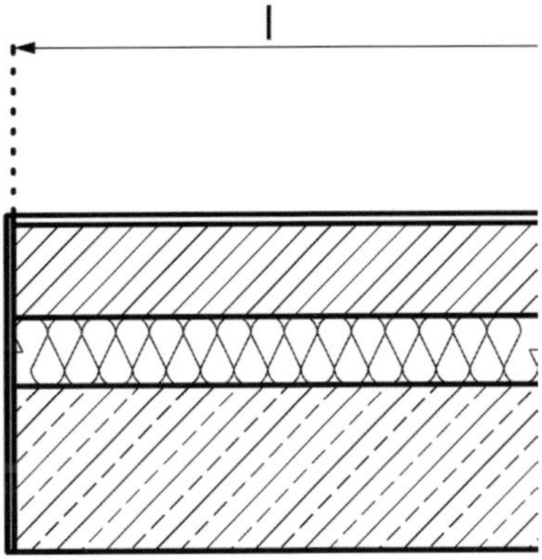	deren Maße	5.1.1
vereinfachende Regeln Übermessungs- und Einzelregelungen	bei der Ermittlung der Leistungen anwenden	5.1.1

Ermittlung der Maße/Mengen

Worum geht es?	Wie wird gerechnet/ermittelt?	ATV
zugrunde gelegt wird 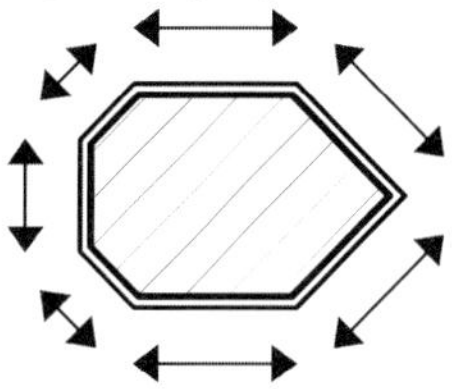	größtes Bauteilmaß, ggf. auch abgewickelte Bauteilmaße	5.2.1
auf Flächen mit begrenzenden Bauteilen 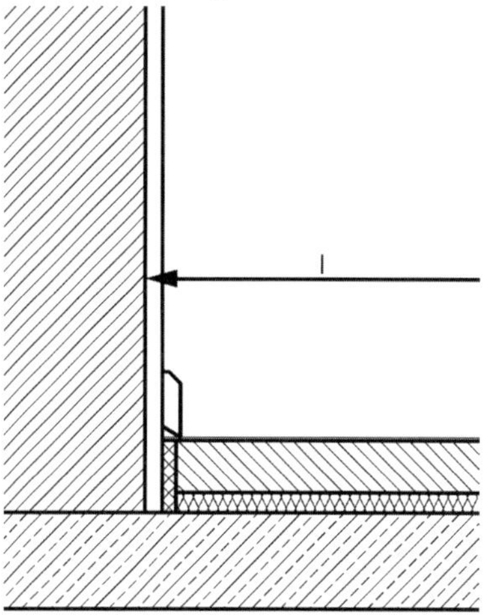	Maße bis zu den begrenzenden ungeputzten Bauteilen rechnen *Tipp:* *Vorsatzschalen u.Ä. sind begrenzende Bauteile, wenn sie nicht unterschnitten sind.*	5.2.1
Anarbeiten und Anpassen an Aussparungen über 0,1 m^2 Einzelgröße	Länge der Abwicklung der jeweiligen Aussparung zugrunde legen	5.2.2

Abzugs- und Übermessungsregeln

Übermessungsregeln bei Abrechnung nach Flächenmaß [m^2]

Worum geht es?	Wie wird gerechnet/ermittelt?	ATV
Fugen	übermessen	5.3.1
Aussparungen	bis einschließlich 0,1 m^2 Einzelgröße übermessen	5.3.1

Übermesssungsregeln bei Abrechnung nach Längenmaß [m]

Worum geht es?	Wie wird gerechnet/ermittelt?	ATV
Fugen	übermessen	5.3.2
Unterbrechungen	bis einschließlich 1 m Einzellänge übermessen	5.3.2

Einzelregelungen

Keine Regelungen

ATV DIN 18354 Gussasphaltarbeiten

Allgemeines

Worum geht es?	Wie wird gerechnet/ermittelt?	ATV
Ermittlung der Leistung	erfolgt nach Zeichnungen, wenn diese den ausgeführten Leistungen entsprechen, andernfalls nach Aufmaß	5
zugrunde gelegt werden gleichgültig, ob die Leistungsermittlung nach Zeichnung oder Aufmaß erfolgt		5.1.1
bei hergestellten Estrichen, Belägen und behandelten Flächen 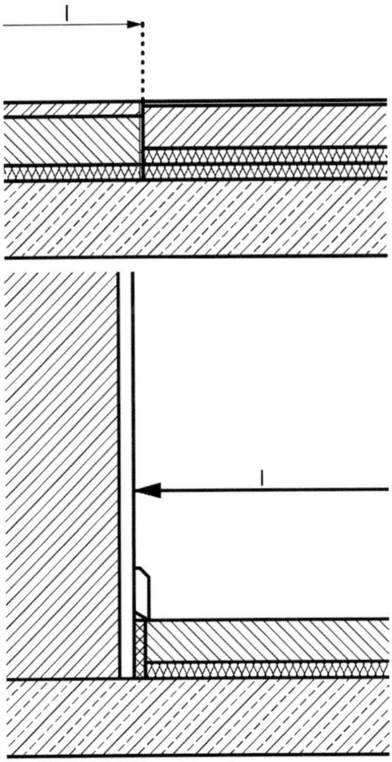	deren Maße	5.1.1

Worum geht es?	Wie wird gerechnet/ermittelt?	ATV
vereinfachende Regeln Übermessungs- und Einzelregelungen	bei der Ermittlung der Leistungen anwenden	5.1.1

Ermittlung der Maße/Mengen

Abrechnung nach Längenmaß [m]

Worum geht es?	Wie wird gerechnet/ermittelt?	ATV
zugrunde gelegt wird	größtes Bauteilmaß, ggf. auch abgewickelte Bauteilmaße	5.2.1
Anarbeiten, Anpassen oder Anschließen an Aussparungen bis einschließlich 0,1 m^2 Einzelgröße	Länge der Abwicklung der jeweiligen Aussparung zugrunde legen	5.2.2

Abzugs- und Übermessungsregeln

Übermessungsregeln bei Abrechnung nach Flächenmaß [m^2]

Worum geht es?	Wie wird gerechnet/ermittelt?	ATV
Fugen	übermessen	5.3.1
Aussparungen	bis einschließlich 0,1 m^2 Einzelgröße übermessen	5.3.1

Übermessungsregeln bei Abrechnung nach Längenmaß [m]

Worum geht es?	Wie wird gerechnet/ermittelt?	ATV
Fugen	übermessen	5.3.2
Unterbrechungen	bis einschließlich 1 m Einzellänge übermessen	5.3.2

Einzelregelungen

Abrechnung nach Masse [kg]

Worum geht es?	Wie wird gerechnet/ermittelt?	ATV
Auffüllen des Untergrunds	nach Wiegescheinen abrechnen	5.4

ATV DIN 18355 Tischlerarbeiten

Allgemeines

Worum geht es?	Wie wird gerechnet/ermittelt?	ATV
Ermittlung der Leistung	erfolgt nach Zeichnungen, wenn diese den ausgeführten Leistungen entsprechen, andernfalls nach Aufmaß	5
zugrunde gelegt werden bei herzustellenden Bauteilen gleichgültig, ob die Leistungsermittlung nach Zeichnung oder Aufmaß erfolgt	Maße der herzustellenden Bauteile und Bekleidungen	5.1.1
vereinfachende Regeln Übermessungs- und Einzelregelungen	bei der Ermittlung der Leistungen anwenden	5.1.1
auf Flächen mit begrenzenden Bauteilen 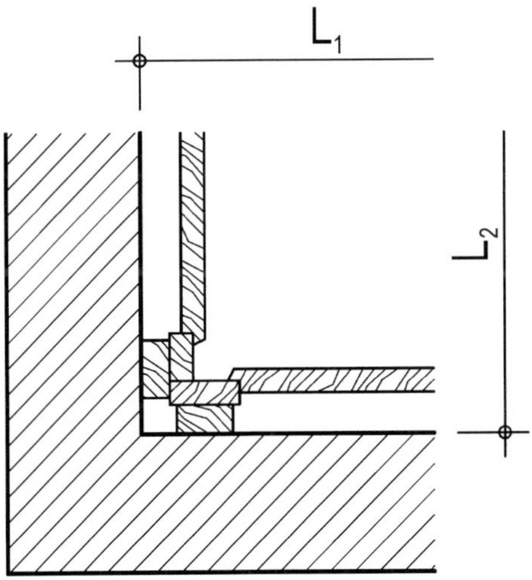 	Maße bis zu den begrenzenden, ungeputzten Bauteilen *Tipp:* *Vorsatzschalen usw. gelten als begrenzend, wenn sie nicht durchdrungen oder unterschnitten werden.*	5.1.1

Ermittlung der Maße/Mengen

Abrechnung nach Flächenmaß [m²]

Worum geht es?	Wie wird gerechnet/ermittelt?	ATV
bei der Ermittlung des Längenmaßes 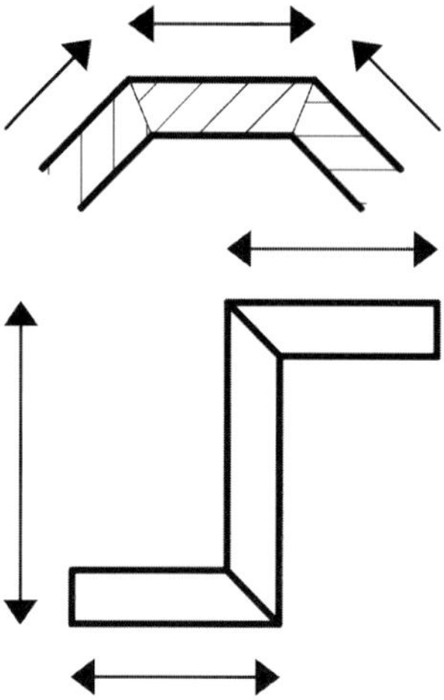	größte, ggf. abgewickelte Bauteillänge messen	5.2.1
verschiedenartige Aussparungen, die unmittelbar zusammenhängen z.B. Öffnung, die direkt an eine Nische grenzt 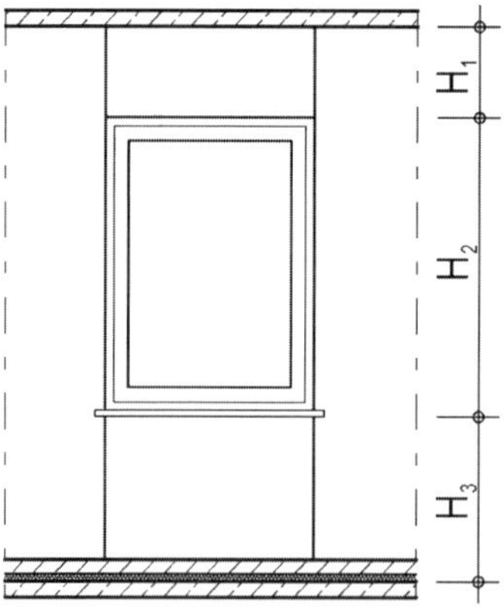	getrennt rechnen, z.B. Öffnung und Nische rechnen	5.2.2

Worum geht es?	Wie wird gerechnet/ermittelt?	ATV
Rückflächen von Nischen und Laibungen die bekleidet sind	immer unabhängig von der Übermessungsgröße mit ihrem Maß gesondert rechnen *Tipp:* *gilt auch, wenn die Nische übermessen wird*	5.2.3
Aussparung, die anteilig in angrenzende, getrennt zu ermittelnde Flächen einbindet 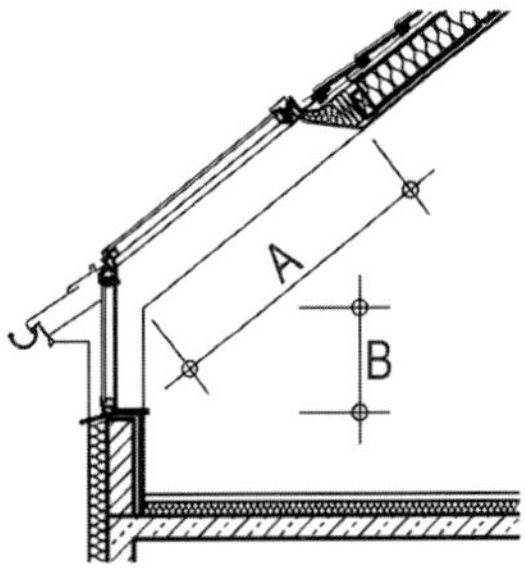 	zur Ermittlung der Übermessungsgröße nur den in der jeweiligen betreffenden Fläche liegenden Anteil rechnen	5.2.4

Abrechnung nach Längenmaß [m]

Worum geht es?	Wie wird gerechnet/ermittelt?	ATV
bei der Ermittlung des Längenmaßes	größte, ggf. abgewickelte Bauteillänge messen, Fugen dabei übermessen	5.2.1

Abzugs- und Übermessungsregeln

Übermessungsregeln bei Abrechnung nach Flächenmaß [m²]

Worum geht es?	Wie wird gerechnet/ermittelt?	ATV
Aussparungen, z.B. Öffnungen und Nischen in Decken- und Wandbekleidungen und leichten Außenwandbekleidungen 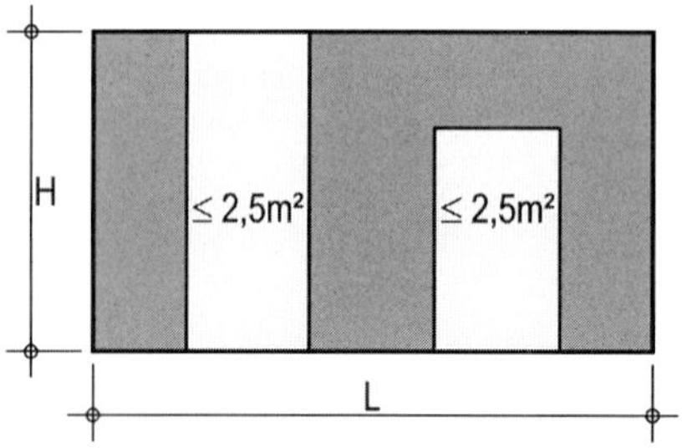	bis einschließlich 2,5 m² Einzelgröße übermessen	5.3.1
Unterbrechungen in bekleideten Flächen durch Fachwerkteile, Stützen, Unterzüge, Balken, Sparren, Lattungen u.Ä. 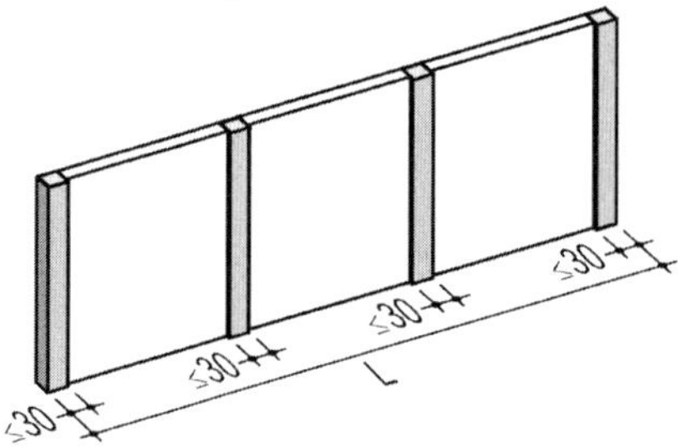	mit einer Einzelbreite bis einschließlich 30 cm	5.3.1

Worum geht es?	Wie wird gerechnet/ermittelt?	ATV
Fußleisten und Konstruktionen 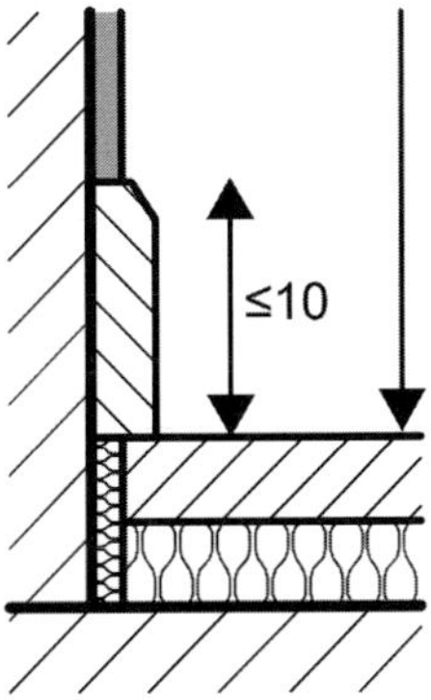	bis einschließlich10 cm Höhe übermessen	5.3.1
bei Bekleidungen aus Latten, Brettern, Paneelen, Lamellen u.Ä. 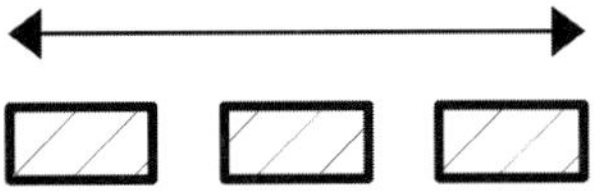	Zwischenräume übermessen	5.3.1
Fugen	übermessen	5.3.1

Übermessungsregeln bei Abrechnung nach Längenmaß [m]

Worum geht es?	Wie wird gerechnet/ermittelt?	ATV
Unterbrechungen	mit Einzellänge bis einschließlich 1 m	5.3.2

Einzelregelungen

Keine Regelungen

ATV DIN 18356
Parkett- und Holzpflasterarbeiten

Allgemeines

Worum geht es?	Wie wird gerechnet/ermittelt?	ATV
Ermittlung der Leistung	erfolgt nach Zeichnungen, wenn diese den ausgeführten Leistungen entsprechen, andernfalls nach Aufmaß	5
zugrunde gelegt werden gleichgültig, ob die Leistungsermittlung nach Zeichnung oder Aufmaß erfolgt	Maße der behandelten oder belegten Fläche	5.1.1
vereinfachende Regeln Übermessungs- und Einzelregelungen	bei der Ermittlung der Leistungen anwenden	5.1.1

Ermittlung der Maße/Mengen

Abrechnung nach Flächenmaß [m²]

Worum geht es?	Wie wird gerechnet/ermittelt?	ATV
auf Flächen mit begrenzenden Bauteilen 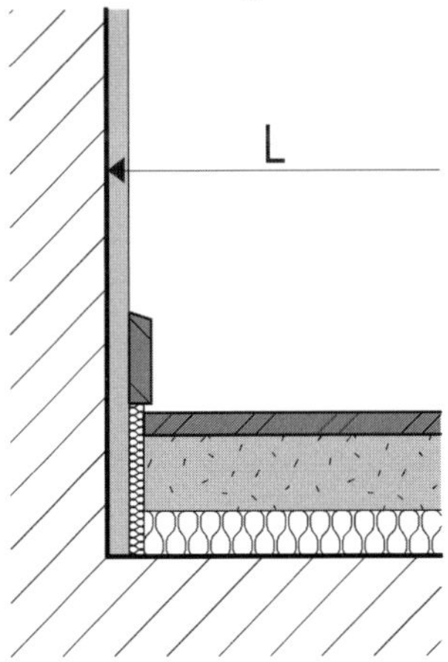 	Maße bis zu den begrenzenden, ungeputzten Bauteilen rechnen *Tipp:* *entspricht den Rohbaumaßen*	5.2.1

Worum geht es?	Wie wird gerechnet/ermittelt?	ATV
auf Flächen ohne begrenzende Bauteile 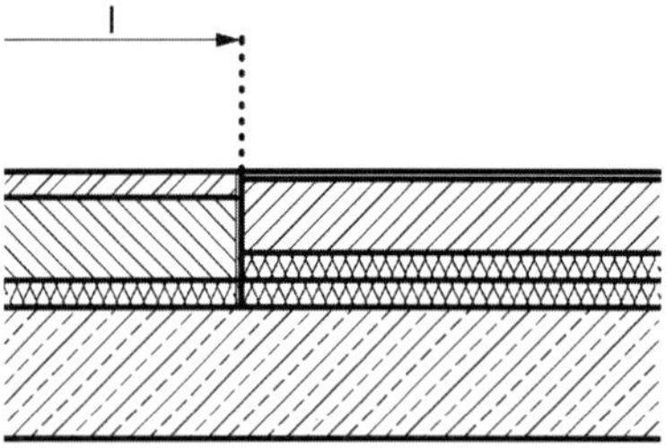	deren Maße rechnen	5.2.1
begrenzende Bauteile Vorsatzschalen und vergleichbare Bauteile 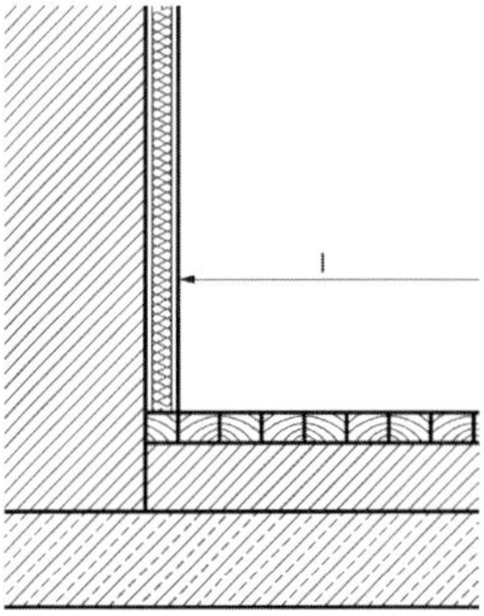 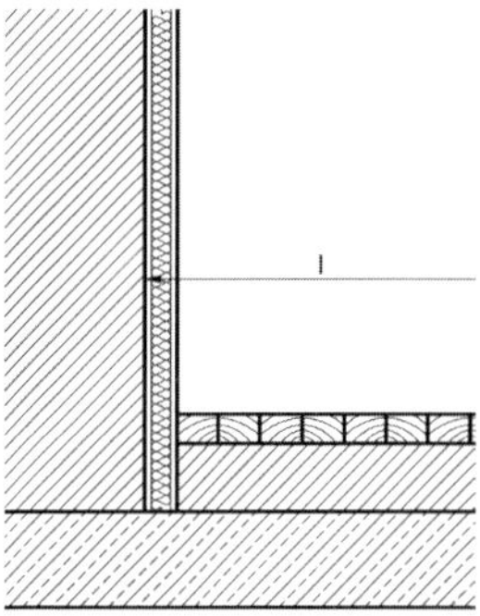	zählen dabei als begrenzende Bauteile, wenn das Parkett durch sie tatsächlich begrenzt wird, das Parkett also nicht bis unter die Vorsatzschale reicht oder unter ihr durchläuft	5.2.1

Worum geht es?	Wie wird gerechnet/ermittelt?	ATV
Ermittlung des Längenmaßes 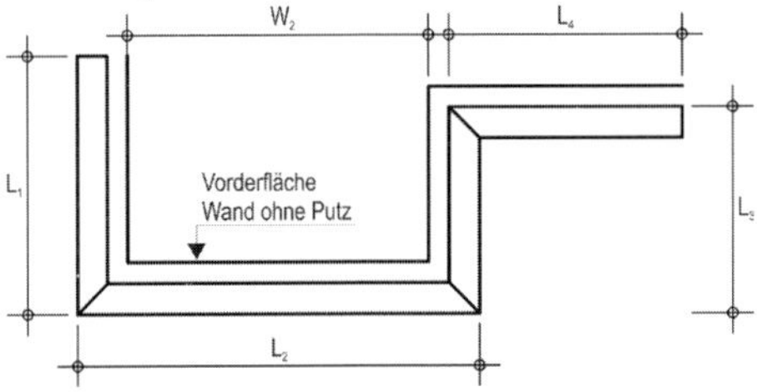	größte Bauteillänge evtl. auch in der Abwicklung messen	5.2.3

Abrechnung nach Längenmaß [m]

Worum geht es?	Wie wird gerechnet/ermittelt?	ATV
Ermittlung des Längenmaßes	größte Bauteillänge evtl. auch in der Abwicklung messen	5.2.3

Abrechnung nach Anzahl [St]

Worum geht es?	Wie wird gerechnet/ermittelt?	ATV
Beläge von Stufen und Schwellen 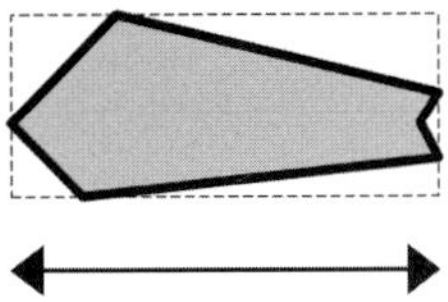	Maß des kleinsten umschreibenden Rechtecks rechnen	5.2.2

Abzugs- und Übermessungsregeln

Übermessungsregeln bei Abrechnung nach Flächenmaß [m²]

Worum geht es?	Wie wird gerechnet/ermittelt?	ATV
Aussparungen z.B. für Stützen, Pfeiler, Pfeilervorlagen, Rohrdurchführungen u.Ä.	mit Einzelgröße bis einschließlich 0,1 m²	5.3.1
in Parkett nachträglich eingearbeitete Teile z.B. Markierungen, Intarsien u.Ä.	übermessen und gesondert rechnen	5.3.1
Fugen	immer übermessen	5.3.1

Übermessungsregeln bei Abrechnung nach Längenmaß [m]

Worum geht es?	Wie wird gerechnet/ermittelt?	ATV
Unterbrechungen	mit Einzellänge von bis zu einschließlich 1 m	5.3.2
in Parkett nachträglich eingearbeitete Teile z.B. Markierungen, Intarsien u.Ä.	übermessen und gesondert rechnen	5.3.2
Fugen	immer übermessen	5.3.2

Einzelregelungen

Keine Regelungen

ATV DIN 18357
Beschlagarbeiten

Allgemeines

Worum geht es?	Wie wird gerechnet/ermittelt?	ATV
Ermittlung der Leistung	erfolgt nach Zeichnungen, wenn diese den ausgeführten Leistungen entsprechen, andernfalls nach Aufmaß	5
keine ergänzende Regelung	*Tipp:* *erübrigt sich aufgrund der Abrechnung, die i.d.R. nach Anzahl erfolgt*	5

ATV DIN 18358 Rollladenarbeiten

Allgemeines

Worum geht es?	Wie wird gerechnet/ermittelt?	ATV
Ermittlung der Leistung	erfolgt nach Zeichnungen, wenn diese den ausgeführten Leistungen entsprechen, andernfalls nach Aufmaß	5
zugrunde gelegt werden gleichgültig, ob die Leistungsermittlung nach Zeichnung oder Aufmaß erfolgt	Maße der herzustellenden Bauteile *Tipp:* *Im Abschnitt 0.5 sind als Abrechnungsarten Anzahl und Längenmaß vorgegebenen.*	5.1

Ermittlung der Maße/Mengen

Maßermittlung als Basis der Abrechnung

Worum geht es?	Wie wird gerechnet/ermittelt?	ATV
Maßermittlung sowohl bei der Abrechnung nach Längenmaß [m] als auch nach Anzahl [St] 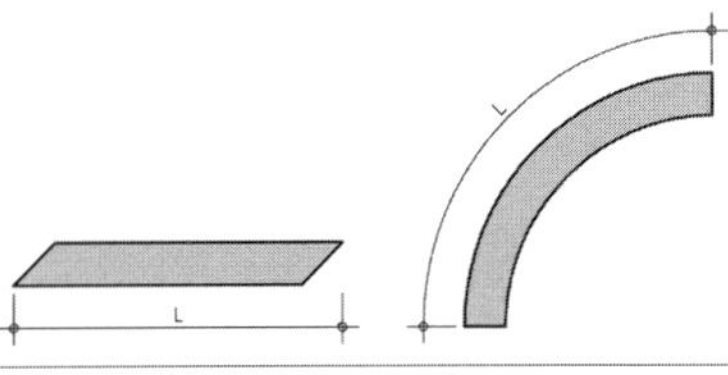	größtes Bauteilmaß rechnen, ggf. auch in der Abwicklung, z.B. bei gerundeten, abgewickelten, abgewinkelten oder an den Enden abgeschrägten Bauteilen	5.2
Fugen	dabei übermessen	5.2

ATV DIN 18360
Metallbauarbeiten

Allgemeines

Worum geht es?	Wie wird gerechnet/ermittelt?	ATV
Ermittlung der Leistung	erfolgt nach Zeichnungen, wenn diese den ausgeführten Leistungen entsprechen, andernfalls nach Aufmaß	5
zugrunde gelegt werden gleichgültig, ob die Leistungsermittlung nach Zeichnung oder Aufmaß erfolgt		5.1.1
bei Fenster, Türen u.Ä. 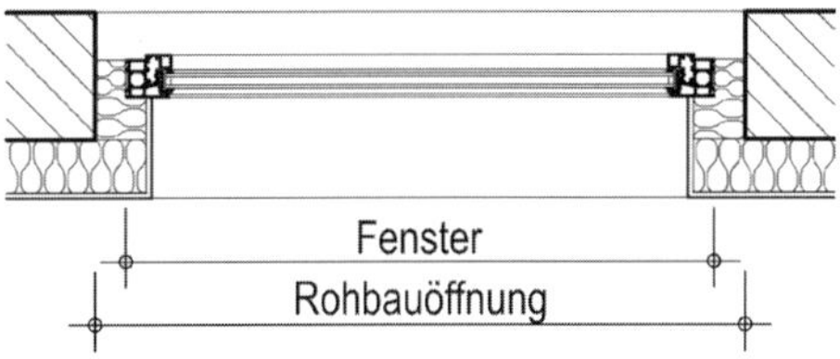	Öffnungsmaße bis zu den sie begrenzenden, ungeputzten, ungedämmten bzw. unbekleideten Bauteilen *Tipp:* *entspricht den Rohbaumaßen*	5.1.1.1
bei Wand- und Deckenbekleidungen auf Flächen ohne begrenzende Bauteile 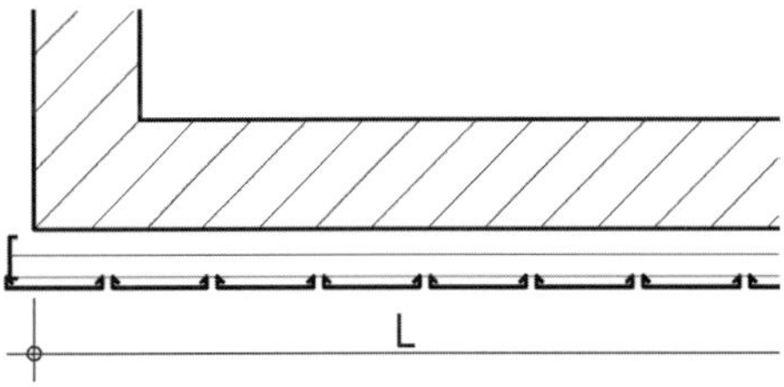 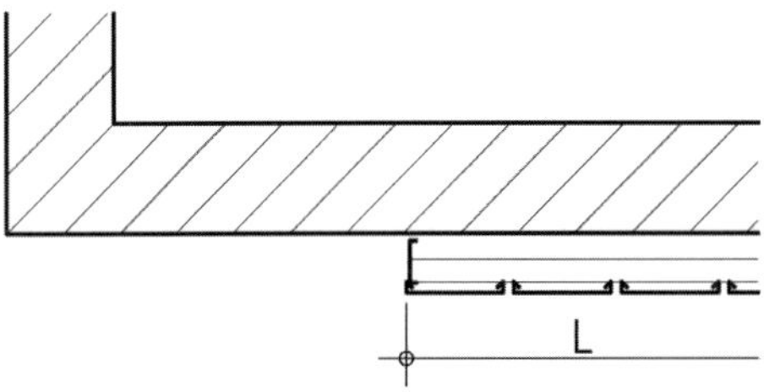	Maße der zu bekleidenden Flächen	5.1.1.2

Worum geht es?	Wie wird gerechnet/ermittelt?	ATV
bei Wand- und Deckenbekleidungen auf Flächen mit begrenzenden Bauteilen 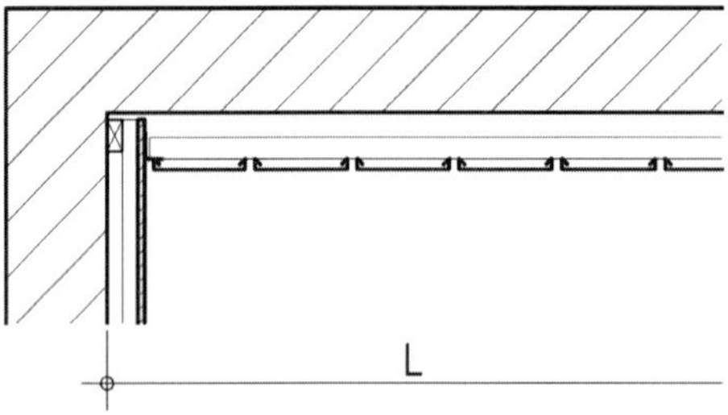 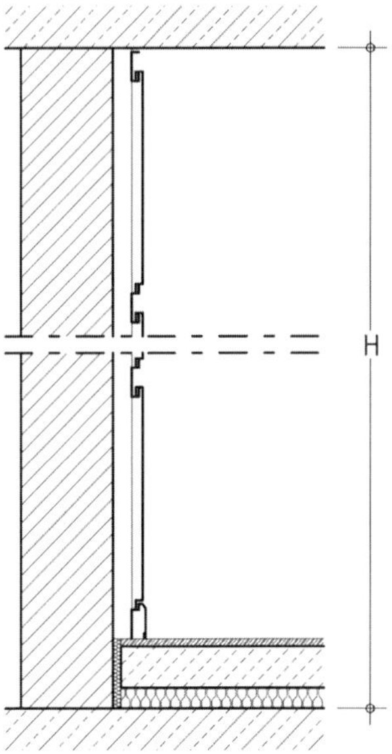 	Maße der zu bekleidenden Flächen bis zu den sie begrenzenden, nicht behandelten bzw. unbekleideten Bauteilen	5.1.1.2

Worum geht es?	Wie wird gerechnet/ermittelt?	ATV
bei Fassaden 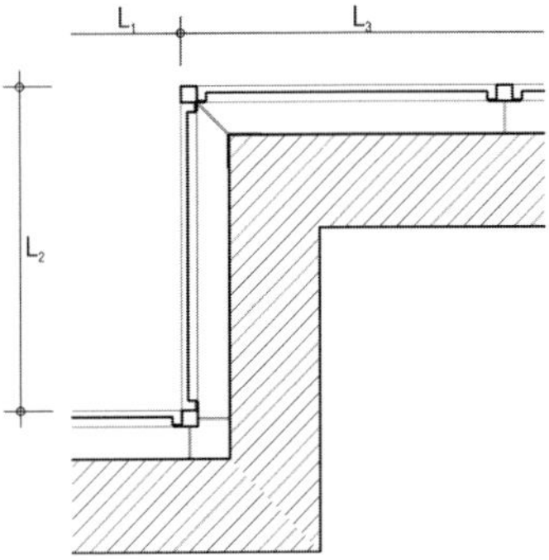	Maße der Bekleidung	5.1.1.2
bei sonstigen Metallbauteilen	tatsächliche Abmessungen der Bauteile	5.1.1.3

Ermittlung der Maße/Mengen

Abrechnung nach Flächenmaß [m²]

Worum geht es?	Wie wird gerechnet/ermittelt?	ATV
bei Einzelbauteilen 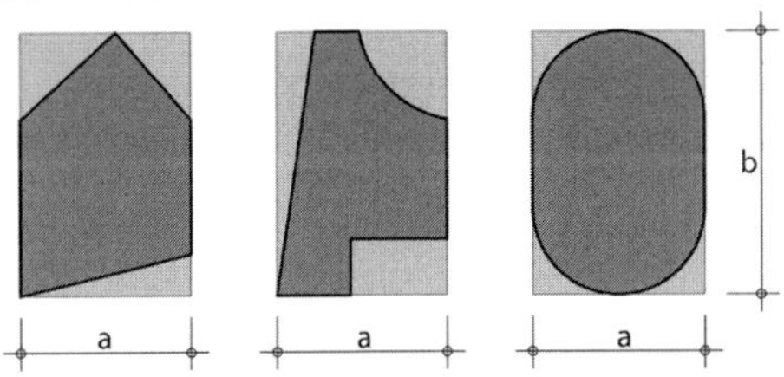	Maße des kleinsten umschreibenden Rechtecks rechnen	5.1.2
Laibungen von Öffnungen, Aussparungen und Nischen ganz oder teilweise bekleidet	über einer Einzelgröße von 2,5 m^2 gesondert rechnen	5.1.3

Worum geht es?	Wie wird gerechnet/ermittelt?	ATV
Nischenrückwände 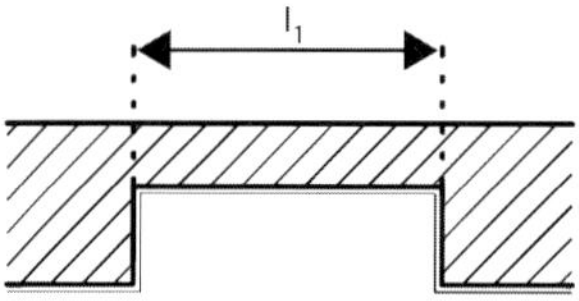 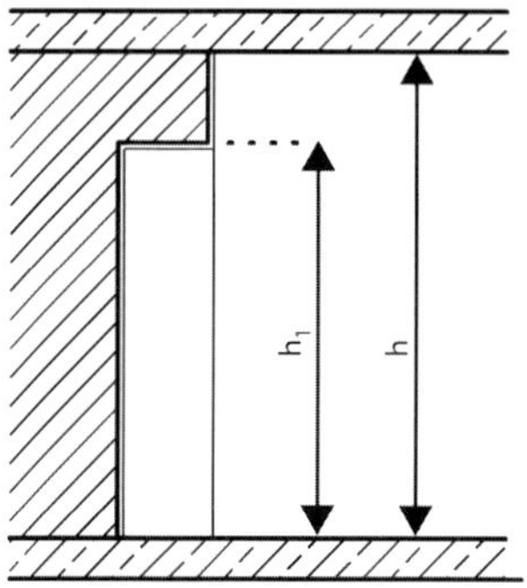	immer mit ihren Maßen gesondert rechnen, und zwar unabhängig von der Einzelgröße *Tipp:* *gilt auch, wenn die Nische übermessen wird*	5.1.4

Abrechnung nach Längenmaß [m]

Worum geht es?	Wie wird gerechnet/ermittelt?	ATV
bei Abrechnung nach Längenmaß auch bei schräg geschnittenen und ausgeklinkten Profilen 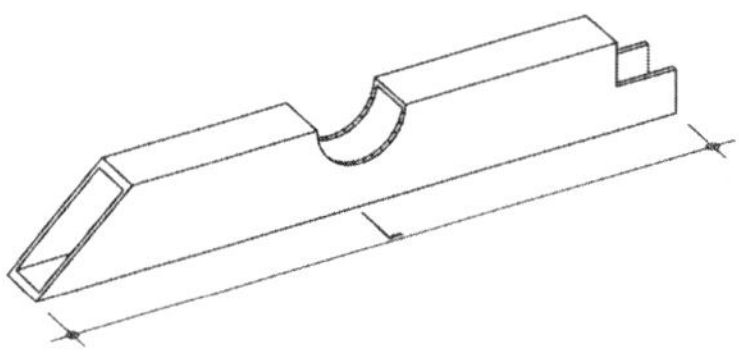	größte Länge berechnen	5.1.5

Worum geht es?	Wie wird gerechnet/ermittelt?	ATV
bei gebogenen Profilen 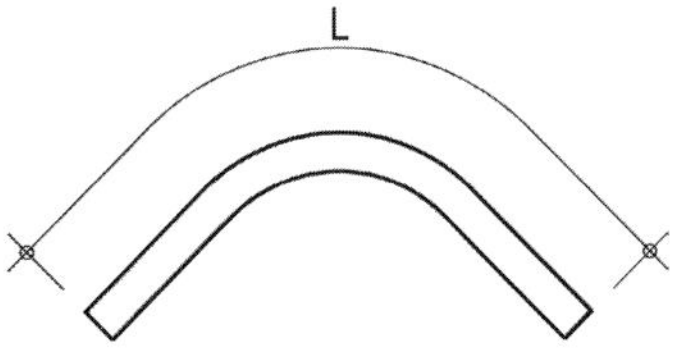	äußere abgewickelte Länge rechnen	5.1.5

Abrechnung nach Masse [kg, t]

Worum geht es?	Wie wird gerechnet/ermittelt?	ATV
genormte Profile	Masse nach Angaben in DIN-Normen rechnen	5.1.6.1
andere Profile	Masse nach Angaben des Herstellers (Profilbücher) ermitteln	5.1.6.1
Bleche und Bänder aus Stahl	7,85 kg je 1 m^2 Fläche und 1 mm Dicke ansetzen	5.1.6.1
Bleche und Bänder aus nichtrostendem Stahl	7,9 kg je 1 m^2 Fläche und 1 mm Dicke ansetzen	5.1.6.1
Bleche und Bänder aus Aluminium	2,7 kg je 1 m^2 Fläche und 1 mm Dicke ansetzen	5.1.6.1
Bleche und Bänder aus Kupfer oder Messing	9 kg je 1 m^2 Fläche und 1 mm Dicke ansetzen	5.1.6.1
Formstücke aus Stahl	Dichte von 7,85 kg/dm^3 ansetzen	5.1.6.1
Formstücke aus Gusseisen (Grauguss)	Dichte von 7,25 kg/dm^3 ansetzen	5.1.6.1
Kleineisenteile bis 15 kg Einzelmasse	Masse kann durch Wiegen bestimmt werden	5.1.6.2
Verbindungsmittel Schrauben, Niete, Schweißnähte u.Ä.	nicht berücksichtigen	5.1.6.3
verzinkte Stahlkonstruktionen	Zuschläge für die Verzinkung: 5 % auf die ermittelte Masse	5.1.6.4

Abzugs- und Übermessungsregeln

Abzug bei Abrechnung nach Flächenmaß [m²]

Worum geht es?	Wie wird gerechnet/ermittelt?	ATV
Aussparungen, z.B. Öffnungen, auch raumhoch und Nischen generell, außer in Böden 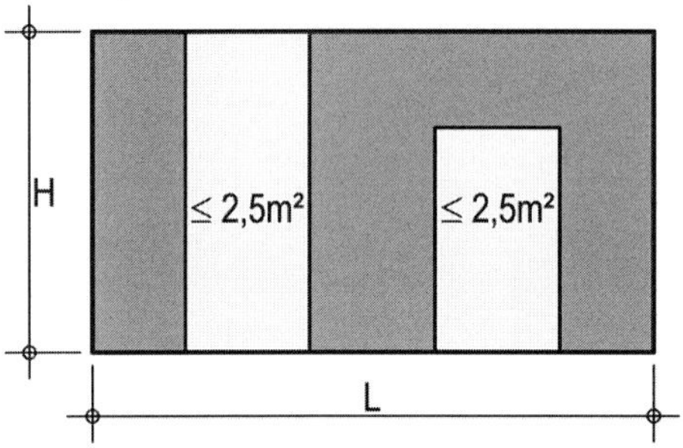	über 2,5 m² Einzelgröße	5.2.1
Aussparungen in Böden	über 0,5 m² Einzelgröße	5.2.1

Abzug bei Abrechnung nach Längenmaß [m]

Worum geht es?	Wie wird gerechnet/ermittelt?	ATV
Unterbrechungen	mit Einzellängen über 1 m	5.2.2

ATV DIN 18361 Verglasungsarbeiten

Allgemeines

Worum geht es?	Wie wird gerechnet/ermittelt?	ATV
Ermittlung der Leistung	erfolgt nach Zeichnungen, wenn diese den ausgeführten Leistungen entsprechen, andernfalls nach Aufmaß	5
zugrunde gelegt werden gleichgültig, ob die Leistungsermittlung nach Zeichnung oder Aufmaß erfolgt	Maße der herzustellenden Verglasungen	5.1
vereinfachende Regeln Übermessungs- und Einzelregelungen	bei der Ermittlung der Leistungen anwenden	5.1

Ermittlung der Maße/Mengen

Abrechnung nach Flächenmaß [m^2]

Worum geht es?	Wie wird gerechnet/ermittelt?	ATV
Scheiben 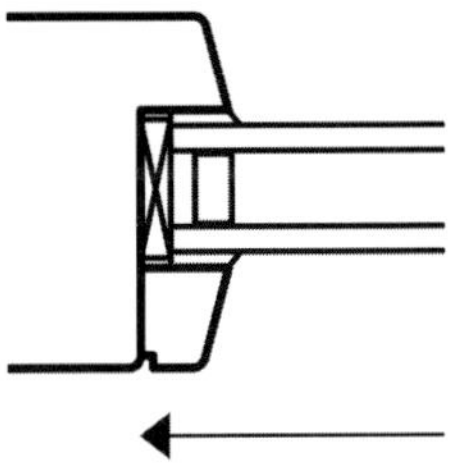	einschließlich Glasfalzhöhe messen Diese einschließlich der Glasfalze zu messenden Maße werden auf einen durch 3 teilbaren vollen Zentimeterwert aufgerundet.	5.2.1
Scheiben unter 0,25 m^2 Flächenmaß	mit jeweils 0,25 m^2 rechnen	5.2.1

Worum geht es?	Wie wird gerechnet/ermittelt?	ATV
Scheiben, die nicht rechteckig sind 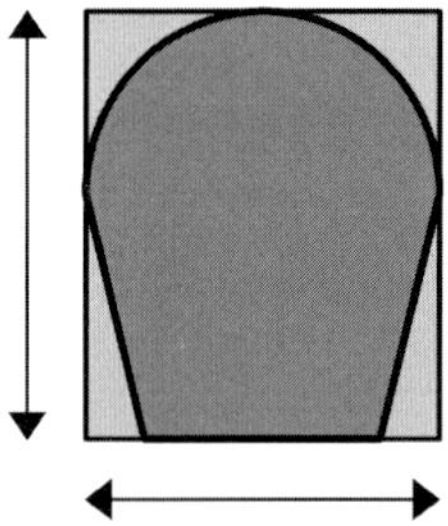	Maße des kleinsten umschreibenden Rechtecks zugrunde legen	5.2.1
Mehrscheiben-Isolierglas, vorgespannte Gläser und Verbundsicherheitsgläser	Mindestfläche von 0,5 m^2 ansetzen	5.2.1

Abrechnung nach Längenmaß [m]

Worum geht es?	Wie wird gerechnet/ermittelt?	ATV
bei der Kantenbearbeitung	Längen und Breiten, die aus den Flächenmaßen ermittelt werden, zugrunde legen	5.2.2

Abzugs- und Übermessungsregeln

Übermessungsregeln bei Abrechnung nach Flächenmaß [m^2]

Worum geht es?	Wie wird gerechnet/ermittelt?	ATV
bei Verglasungen mit Profilbauglas und lichtdurchlässigen Kunststoffplatten 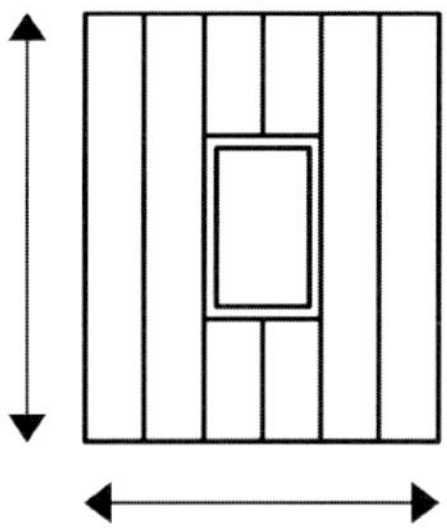	Sprossen und bewegliche Flügel übermessen	5.3.1

Worum geht es?	Wie wird gerechnet/ermittelt?	ATV
bei Blei-, Messing- und Leichtmetallverglasungen 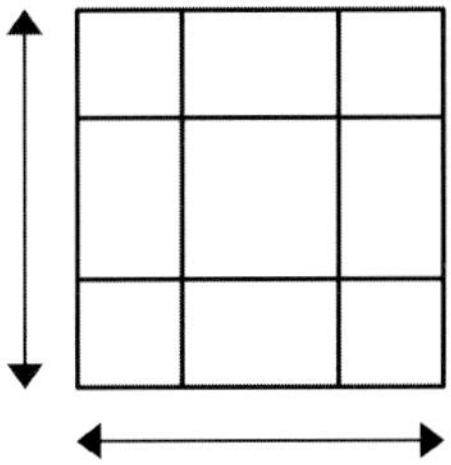	Metallfassungen übermessen	5.3.1

Einzelregelungen

Abrechnung nach Anzahl [St]

Worum geht es?	Wie wird gerechnet/ermittelt?	ATV
Abweichungen bei der Größe von eingebauten Scheiben von den Maßen (Breite und Höhe) im Leistungsverzeichnis von jeweils weniger als 20 mm	bleiben bei der Abrechnung unberücksichtigt	5.4

ATV DIN 18363
Maler- und Lackierarbeiten – Beschichtungen

Allgemeines

Worum geht es?	Wie wird gerechnet/ermittelt?	ATV
Ermittlung der Leistung	erfolgt nach Zeichnungen, wenn diese den ausgeführten Leistungen entsprechen, andernfalls nach Aufmaß	5
zugrunde gelegt werden gleichgültig, ob die Leistungsermittlung nach Zeichnung oder Aufmaß erfolgt	Maße der zu behandelnden oder zu beschichtenden Flächen	5.1.1
vereinfachende Regeln Übermessungs- und Einzelregelungen	bei der Ermittlung der Leistungen anwenden	5.1.1

Ermittlung der Maße/Mengen

Abrechnung nach Flächenmaß [m²]

Worum geht es?	Wie wird gerechnet/ermittelt?	ATV
Vorbereiten von Untergründen, Beschichten und Behandeln von Innenflächen **ohne** begrenzende Bauteile 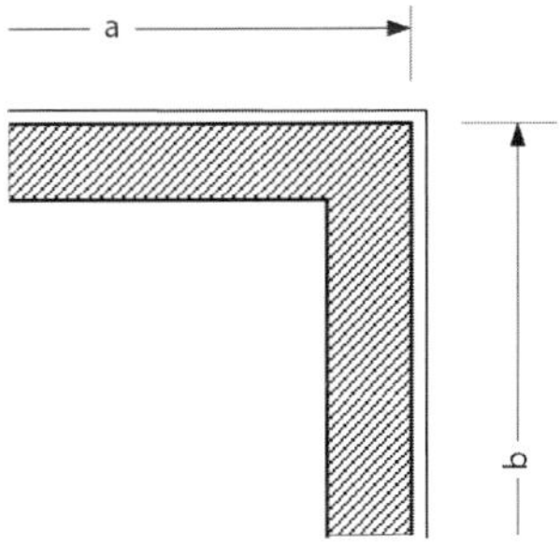	Maße der ungeputzten, unbehandelten und unbekleideten Flächen rechnen	5.2.1

Worum geht es?	Wie wird gerechnet/ermittelt?	ATV
Vorbereiten von Untergründen, Beschichten und Behandeln von Innenflächen **mit** begrenzenden Bauteilen 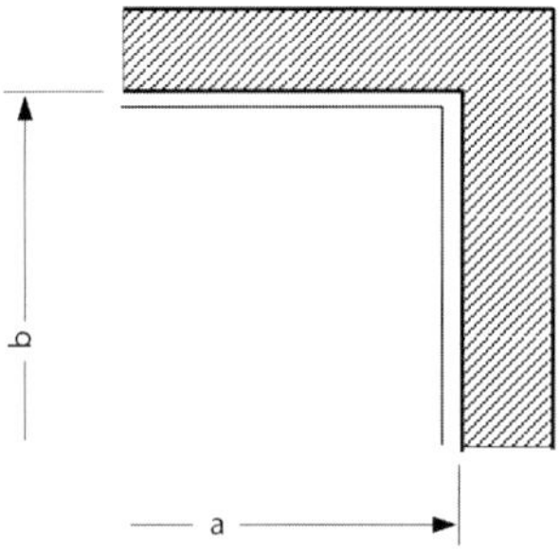	Maße bis zu den begrenzenden, ungeputzten, ungedämmten und unbekleideten Bauteilen rechnen Begrenzende Bauteile sind raumbildende Systemböden, Trockenunterböden, Vorsatzschalen, Unterdecken und abgehängte Decken.	5.2.1
bei Innenarbeiten wenn die Rohbaumaße nicht zur Verfügung stehen	behandelte Flächen rechnen	5.2.1
bei Fassaden 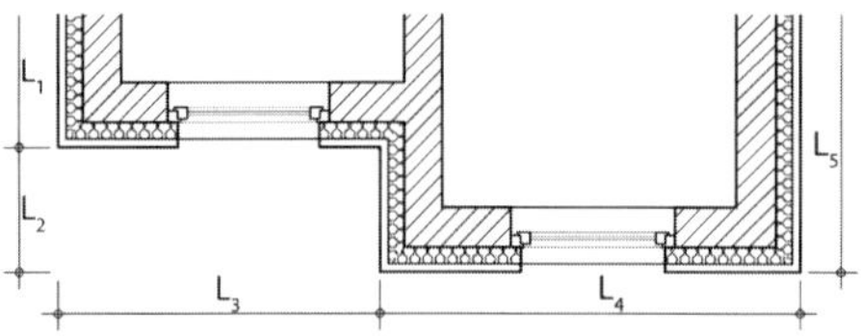	behandelte Flächen rechnen	5.2.1
beliebig geformte Einzelflächen z.B. bei Ausbesserungsstellen 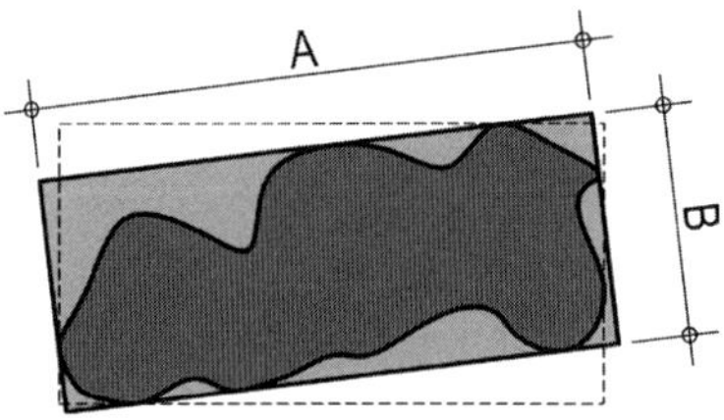	kleinstes umschriebenes Rechteck zugrunde legen Kreise, Dreiecke, Trapeze und Rauten sind von dieser Regelung ausgenommen.	5.2.2

Worum geht es?	Wie wird gerechnet/ermittelt?	ATV
Flächen, die sich nicht in einfache geometrische Formen aufteilen lassen z.B. in Kreise, Dreiecke, Trapeze und Rauten 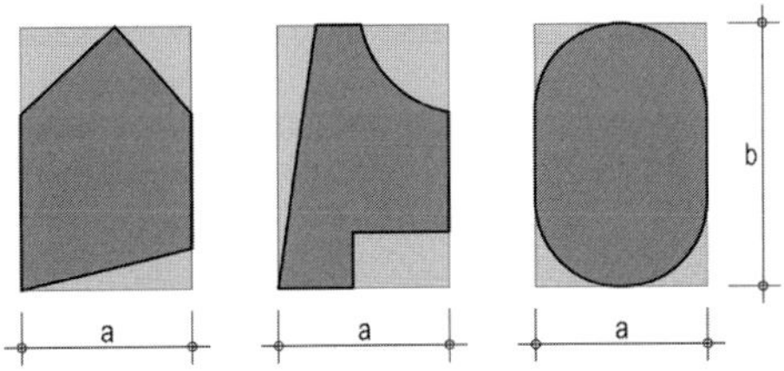	kleinstes umschriebenes Rechteck zugrunde legen	5.2.3
beschichtete Rückflächen von Nischen und Laibungen	immer gesondert rechnen, und zwar unabhängig von ihren Einzelgrößen	5.2.4
verschiedenartige Aussparungen, die unmittelbar zusammenhängen z.B. Öffnungen mit angrenzender Nische 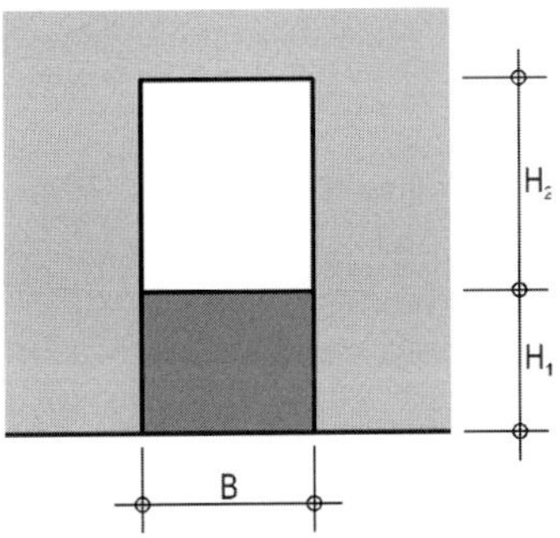	bei Beschichtungsarbeiten immer getrennt rechnen	5.2.5
Aussparungen, die anteilig in angrenzende, getrennt zu rechnende Flächen einbinden	zur Ermittlung der Übermessungsgröße die jeweiligen Aussparungsflächen anteilig rechnen	5.2.6
Fenster, Türen, Trennwände, Bekleidungen u.Ä.	je beschichtete Seite nach Fläche rechnen	5.2.7

Worum geht es?	Wie wird gerechnet/ermittelt?	ATV
Flächen von Profilen, Heizkörpern, Trapezprofilen, Wellblechen u.Ä. 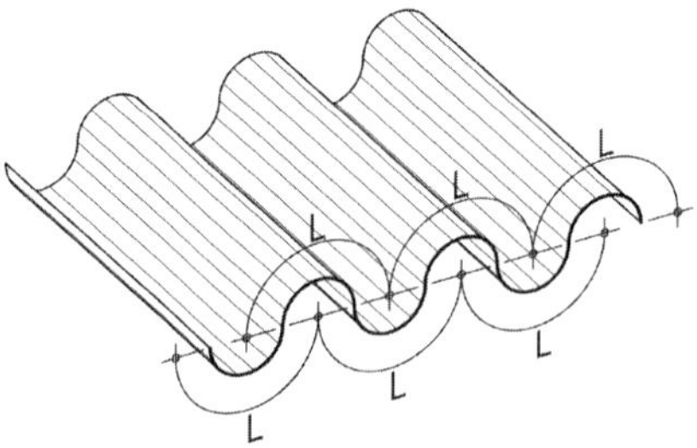	nach abgewickelter Fläche rechnen oder nach Tabellen, wenn vorhanden	5.2.9
bei der Maßermittlung 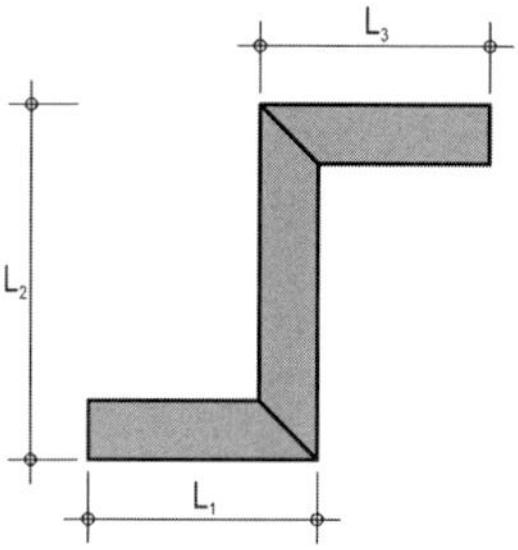	größte Bauteilmaße, evtl. in der Abwicklung rechnen	5.2.10

Abrechnung nach Längenmaß [m]

Worum geht es?	Wie wird gerechnet/ermittelt?	ATV
Rohrgeländer	nach Länge der Rohre getrennt nach Dimensionen rechnen	5.2.8
Gesimse, Umrahmungen, Faschen, Wandanschlüsse, umlaufende Friese u.Ä.	größte, ggf. abgewickelte Bauteilmaße rechnen *Tipp:* *Dies gilt sowohl für die Abrechnung nach dem Längenmaß als auch zur Berechnung der Fläche.*	5.2.10

Worum geht es?	Wie wird gerechnet/ermittelt?	ATV
Dachrinnen 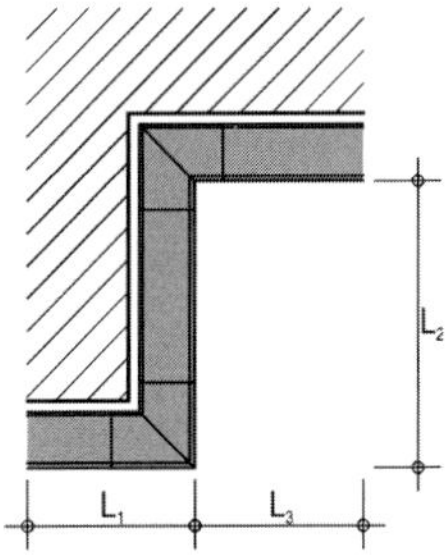 	am Wulst messen	5.2.10
Fallrohre 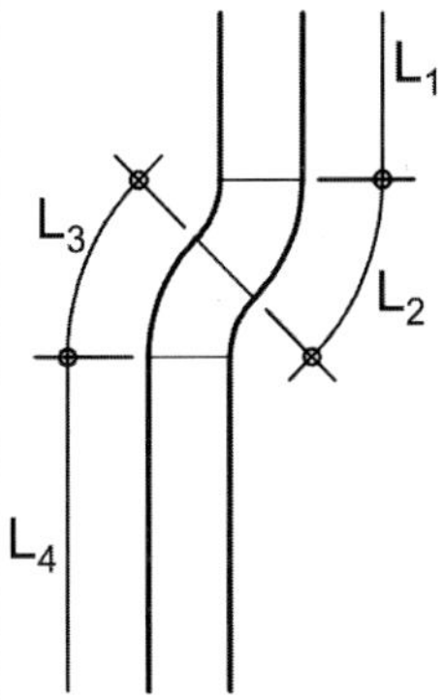 	im Außenbogen messen	5.2.10

Abrechnung nach Masse [kg, t]

Worum geht es?	Wie wird gerechnet/ermittelt?	ATV
Imprägnierungen mit Silicon oder Kieselsäureester	nach verbrauchter Menge rechnen	5.2.11

Abzugs- und Übermessungsregeln

Übermessungsregeln bei Abrechnung nach Flächenmaß [m²]

Worum geht es?	Wie wird gerechnet/ermittelt?	ATV
Aussparungen, z.B. Öffnungen (auch raumhoch), Nischen, Durchdringungen, Einbindungen u.Ä. generell, außer in Böden	mit Einzelgröße bis einschließlich 2,5 m² *Tipp:* *Basis für die Ermittlung von Abzugsmaßen sind bei Aussparungen stets deren kleinste Abmessungen.*	5.3.1
Aussparungen in Böden	mit Einzelgrößen bis einschließlich 0,5 m²	5.3.1
Fugen	übermessen	5.3.1
flächenabschließende Gesimse, Lisenen, Eckverbände, Umrahmungen und Faschen	mit Einzelbreiten bis einschließlich 30 cm, unabhängig davon, ob sie behandelt werden	5.3.1
Leisten, Sockelfliesen u.Ä. 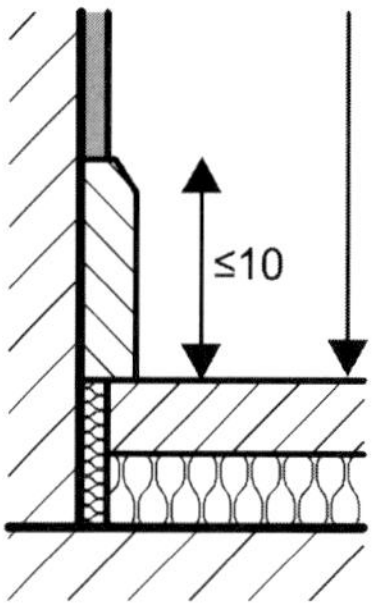	bis einschließlich 10 cm Höhe	5.3.1

Worum geht es?	Wie wird gerechnet/ermittelt?	ATV
Unterbrechungen durch Bauteile in der zu bearbeitenden Fläche z.B. Fachwerkteile, Stützen, Unterzüge, Vorlagen, Balkonplatten, Podeste, Wandvorlagen u.Ä. 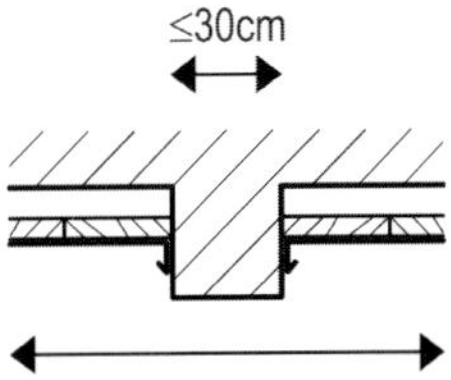	mit Einzelbreiten bis einschließlich 30 cm, unabhängig davon, ob sie behandelt werden	5.3.1
Verglasungen, Füllungen u.Ä. von Fenstern, Türen, Trennwänden, Verkleidungen 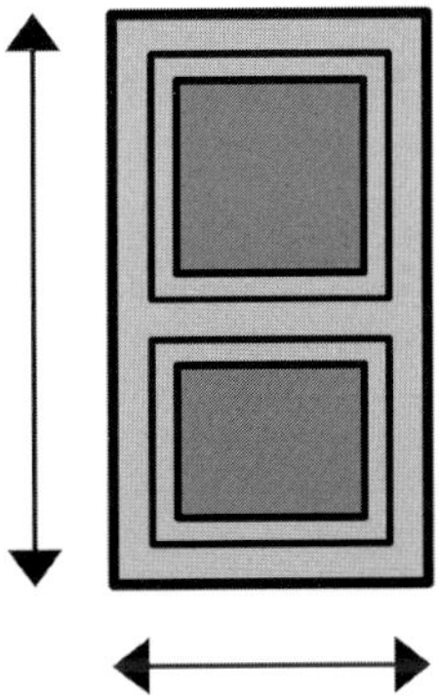	Übermessen	5.3.1

Übermessungsregeln bei Abrechnung nach Längenmaß [m]

Worum geht es?	Wie wird gerechnet/ermittelt?	ATV
Unterbrechungen	mit Einzellängen bis zu einschließlich 1 m	5.3.2
bei Rohrleitungen	Schieber, Flansche u.Ä. übermessen und gesondert rechnen	5.3.2

Einzelregelungen

Worum geht es?	Wie wird gerechnet/ermittelt?	ATV
bei: ■ Türen über 60 mm Dicke ■ Blockzargen über 60 mm Tiefe ■ Futter und Bekleidungen von Türen und Fenstern ■ Stahltürzargen u.Ä.	abgewickelte Fläche rechnen *Tipp:* *Die abgewickelte Fläche umfasst auch z.B. die Fläche der Türkante*	5.4.1
Fenstergitter, Scherengitter, Rollgitter, Roste, Zäune, Einfriedungen und Stabgeländer 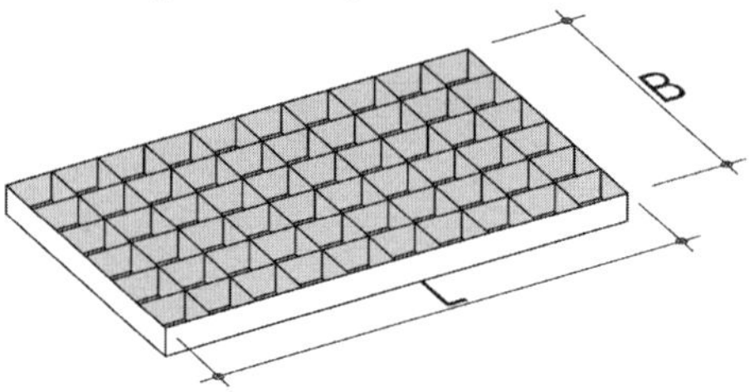	nur einseitig rechnen *Tipp:* *Dies gilt auch bei allseitiger Bearbeitung!*	5.4.1
Abweichungen von den vorgeschriebenen Maßen bei Türen, Fenster, Rollläden u.Ä. nach Anzahl [St] gerechnet	bis jeweils 5 cm in der Höhe und Breite und bis 3 cm in der Tiefe nicht berücksichtigen *Tipp:* *Liegen die Abweichungen außerhalb des Toleranzbereichs, kann auf Verlangen ein neuer Einheitspreis vereinbart werden.*	5.4.2
Flächenbehandlung, die prozentual vorgegeben ist bei nicht zusammenhängenden Teilflächen	Bauteilgesamtfläche rechnen	5.4.3

ATV DIN 18364
Korrosionsschutzarbeiten an Stahlbauten

Allgemeines

Worum geht es?	Wie wird gerechnet/ermittelt?	ATV
Ermittlung der Leistung	erfolgt nach Zeichnungen, wenn diese den ausgeführten Leistungen entsprechen, andernfalls nach Aufmaß	5
zugrunde gelegt werden gleichgültig, ob die Leistungsermittlung nach Zeichnung oder Aufmaß erfolgt	Maße der zu behandelnden Flächen	5.1
vereinfachende Regeln Übermessungs- und Einzelregelungen	bei der Ermittlung der Leistungen anwenden	5.1

Ermittlung der Maße/Mengen

Abrechnung nach Längenmaß [m]

Worum geht es?	Wie wird gerechnet/ermittelt?	ATV
Maßermittlung generell 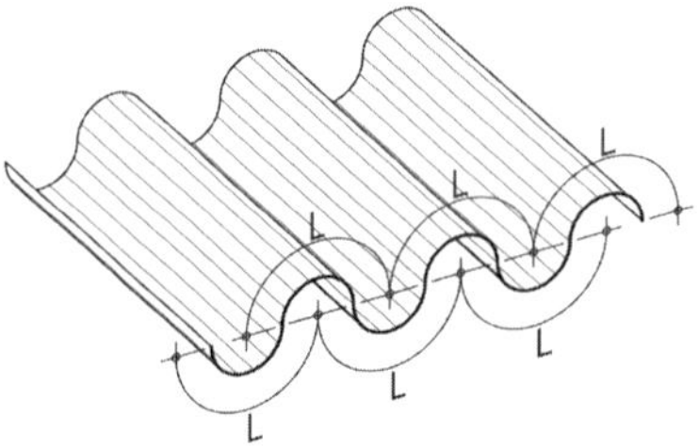 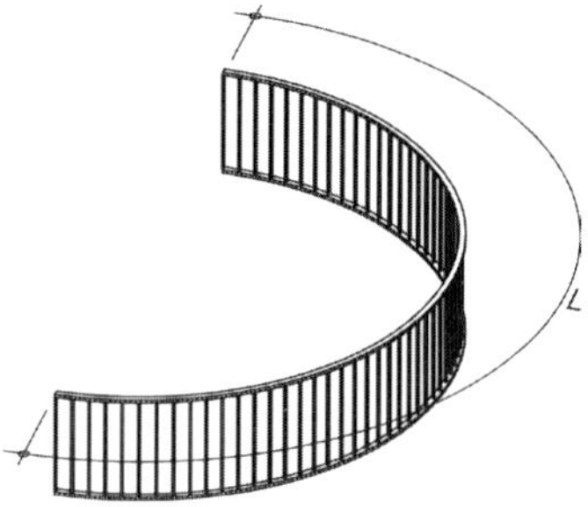 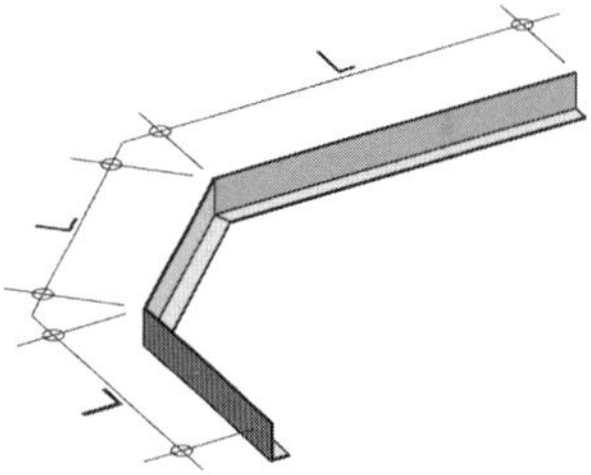	größtes, ggf. abgewickeltes Bauteilmaß rechnen	5.2.2

Worum geht es?	Wie wird gerechnet/ermittelt?	ATV
Maßermittlung z.B. bei Rohren 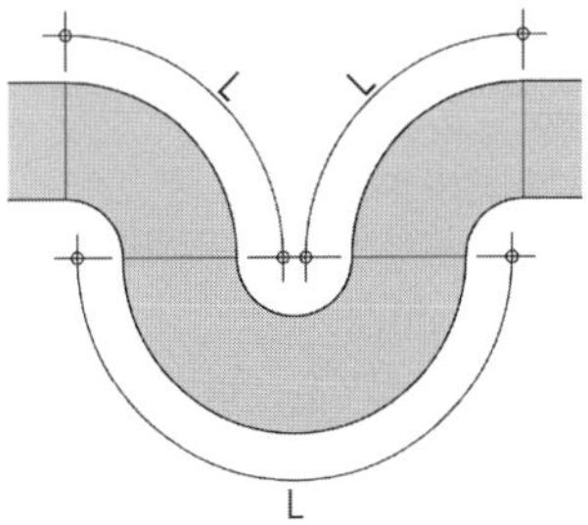	Maß des Außenbogens rechnen	5.2.2

Abrechnung nach Flächenmaß [m²]

Worum geht es?	Wie wird gerechnet/ermittelt?	ATV
bei Geländern, Rosetten, Gittern u.Ä. 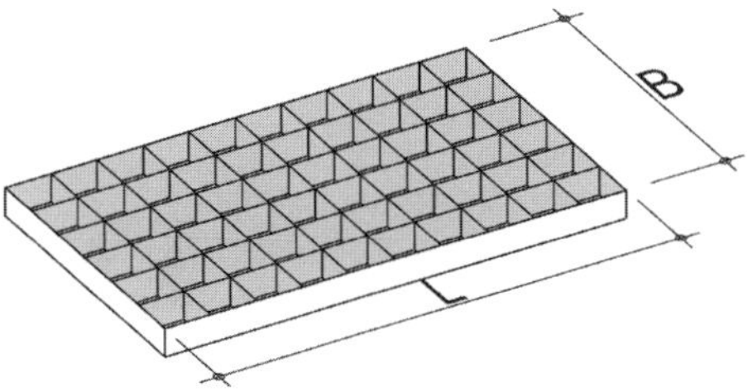	Fläche nur einseitig als Ansichtsfläche rechnen *Tipp:* *Als Ansichtsfläche ist die umschreibende Fläche des Bauteils zu verstehen und nicht die tatsächliche einseitige Oberfläche.*	5.2.3
Flächen die sich nicht in einfache geometrische Formen (Rechtecke, Dreiecke, Trapeze, Rauten etc.) aufteilen lassen 	kleinstes umschriebenes Rechteck rechnen	5.2.4

Abrechnung nach Masse [kg, t]

Worum geht es?	Wie wird gerechnet/ermittelt?	ATV
Masse genormter Profile	nach Angaben in DIN-Normen rechnen	5.2.1
Masse anderer Profile	nach Angaben des Herstellers (Profilbücher) ermitteln	5.2.1
Bleche und Bänder aus Stahl	7,85 kg/m^2 Fläche und 1 mm Dicke ansetzen	5.2.6
Bleche und Bänder aus rostfreiem Stahl	7,9 kg/m^2 Fläche und 1 mm Dicke ansetzen	5.2.6
Verbindungsmittel z.B. Schrauben, Nieten, Schweißnähte u.Ä.	bei der Massenermittlung nicht berücksichtigen	5.2.6
Abrechnung von Feuerverzinkung	Masse der unverzinkten Konstruktion und Bauteile zugrunde legen	5.2.7

Abrechnung nach Anzahl [St]

Worum geht es?	Wie wird gerechnet/ermittelt?	ATV
Maßabweichungen bei Türen, Toren, Fenstern u.Ä. zwischen den in der Leistungsbeschreibung angegebenen Bauteilmaßen und den tatsächlichen Abmessungen	in der Höhe und Breite bis jeweils 5 cm sowie 3 cm in der Tiefe bleiben unberücksichtigt	5.2.5
Armaturen Schieber, Flansche etc.	einzeln rechnen	5.2.8

Abzugs- und Übermessungsregeln

Übermessungsregeln bei Abrechnung nach Flächenmaß [m^2]

Worum geht es?	Wie wird gerechnet/ermittelt?	ATV
Aussparungen	mit Einzelgrößen bis einschließlich 0,1 m^2	5.3.1
Unterbrechungen in der zu behandelnden Fläche durch Stützen, Unterzüge, Vorlagen, Podeste, Vertiefungen	mit Einzelbreiten bis einschließlich 30 cm	5.3.1

Übermessungsregeln bei Abrechnung nach Längenmaß [m]

Worum geht es?	Wie wird gerechnet/ermittelt?	ATV
Unterbrechungen	mit Einzellängen bis einschließlich 1 m	5.3.2
Kreuzungen, Überdeckungen, Durchdringungen 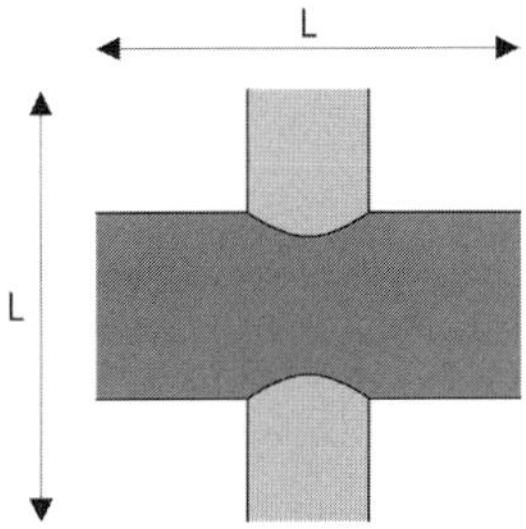	übermessen	5.3.2
Armaturen, Flansche u.Ä. bei Rohrleitungen 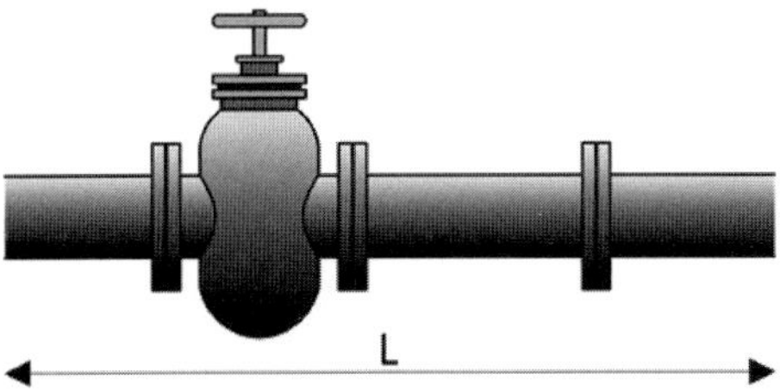	übermessen	5.3.2

Übermessungsregeln bei Abrechnung nach Masse [kg, t]

Worum geht es?	Wie wird gerechnet/ermittelt?	ATV
Masse von Teilen mit unbehandelten oder nur teilweise behandelten Flächen z.B. Stützenfüße u.Ä.	übermessen	5.3.3

Einzelregelungen

Keine Regelungen

ATV DIN 18365 Bodenbelagarbeiten

Allgemeines

Worum geht es?	Wie wird gerechnet/ermittelt?	ATV
Ermittlung der Leistung	erfolgt nach Zeichnungen, wenn diese den ausgeführten Leistungen entsprechen, andernfalls nach Aufmaß	5
zugrunde gelegt werden gleichgültig, ob die Leistungsermittlung nach Zeichnung oder Aufmaß erfolgt		5.1
bei belegten Flächen	deren Maße	5.1
oder bei hergestellten Belägen	deren Maße	5.1
bei Sockelleisten, Fugen, Profilen o.Ä.	deren Länge	5.1
vereinfachende Regeln Übermessungs- und Einzelregelungen	bei der Ermittlung der Leistungen anwenden	5.1

Ermittlung der Maße/Mengen

Abrechnung nach Flächenmaß [m²]

Worum geht es?	Wie wird gerechnet/ermittelt?	ATV
Flächen mit begrenzenden Bauteilen 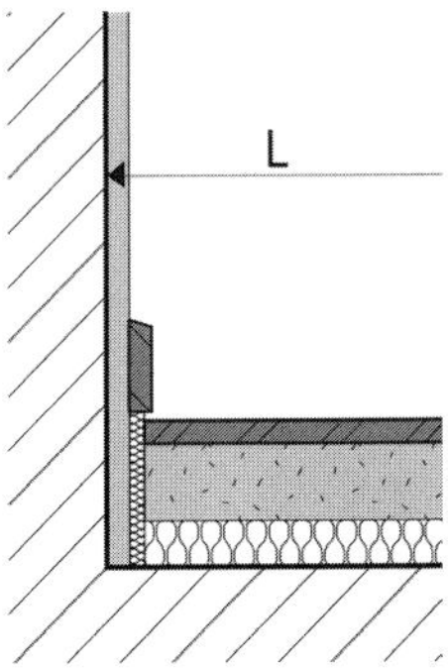 	Maße der belegten Fläche bis zu den begrenzenden, ungeputzten und unbekleideten Bauteilen rechnen *Tipp:* *Vorsatzschalen u.Ä. sind begrenzende Bauteile, wenn sie nicht unterschnitten sind.*	5.2.1

Worum geht es?	Wie wird gerechnet/ermittelt?	ATV
Flächen ohne begrenzende Bauteile 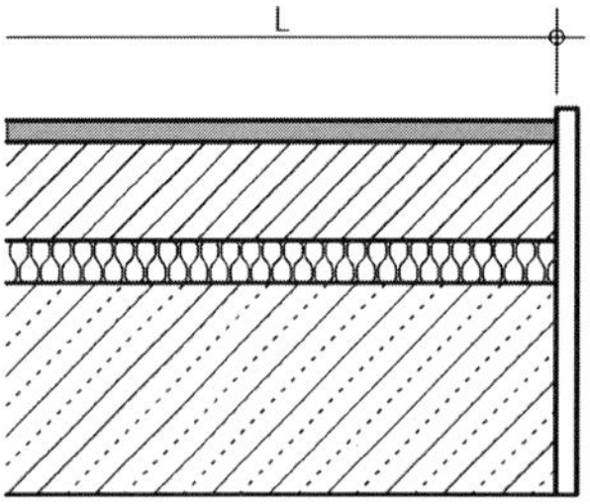	deren Maße rechnen	5.2.1
Flächen von Stufen und Schwellen 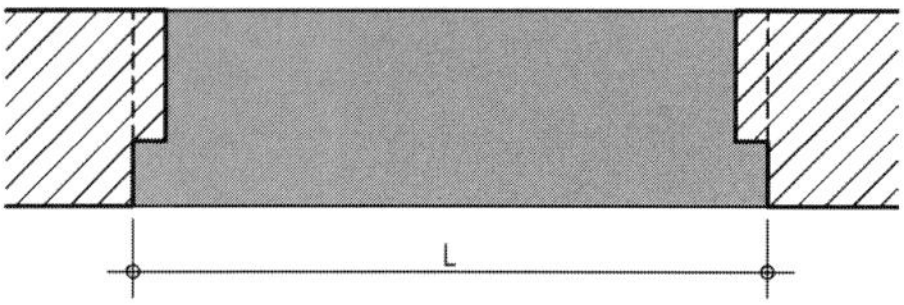 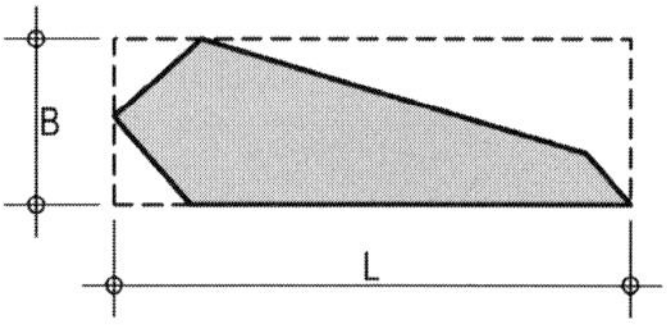	größte Abmessungen der Stufen und Schwellen rechnen	5.2.1
Ermittlung des Längenmaßes	größte Bauteillänge ggf. in der Abwicklung messen	5.2.2
in Bodenbeläge nachträglich eingearbeitete Teile z.B. Markierungen, Intarsien, Muster u.Ä.	immer übermessen und gesondert abrechnen *Tipp:* *Intarsien und Einzelmarkierungen sind nach Anzahl, getrennt nach Bauart und Maßen abzurechnen.*	5.2.3

Abzugs- und Übermessungsregeln

Übermessungsregeln bei Abrechnung nach Flächenmaß [m²]

Worum geht es?	Wie wird gerechnet/ermittelt?	ATV
Aussparungen z.B. für Stützen, Pfeiler, Pfeilervorlagen, Rohrdurchführungen, Öffnungen u.Ä.	Einzelgröße ≤ 0,1 m² übermessen	5.3.1
in Bodenbeläge eingearbeitete Teile z.B. Markierungen, Intarsien u.Ä.	übermessen und gesondert rechnen	5.3.1

Übermessungsregeln bei Abrechnung nach Längenmaß [m]

Worum geht es?	Wie wird gerechnet/ermittelt?	ATV
Unterbrechungen	Einzellänge ≤ 1 m übermessen	5.3.2

Einzelregelungen

Keine Regelungen

ATV DIN 18366 Tapezierarbeiten

Allgemeines

Worum geht es?	Wie wird gerechnet/ermittelt?	ATV
Ermittlung der Leistung	erfolgt nach Zeichnungen, wenn diese den ausgeführten Leistungen entsprechen, andernfalls nach Aufmaß	5
zugrunde gelegt werden gleichgültig, ob die Leistungsermittlung nach Zeichnung oder Aufmaß erfolgt	Maße der zu behandelnden Flächen	5.1.1
vereinfachende Regeln Übermessungs- und Einzelregelungen	bei der Ermittlung der Leistungen anwenden	5.1.1

Ermittlung der Maße/Mengen

Abrechnung nach Flächenmaß [m²]

Worum geht es?	Wie wird gerechnet/ermittelt?	ATV
Vorbereiten von Untergründen und Tapezieren auf Innenflächen **ohne** begrenzende Bauteile 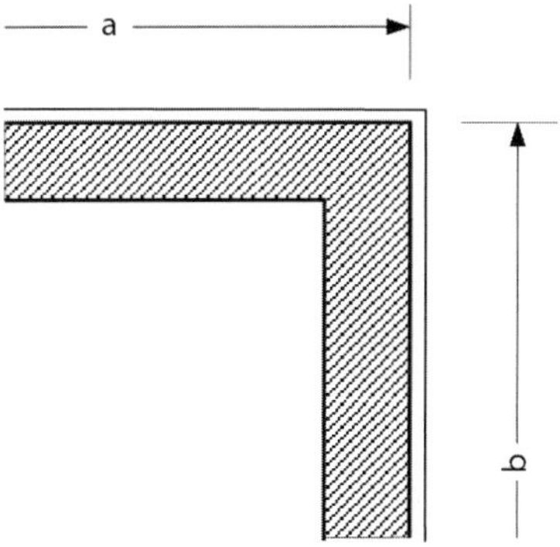	Maße der ungeputzten, ungedämmten und unbekleideten Bauteile rechnen	5.2.1

Worum geht es?	Wie wird gerechnet/ermittelt?	ATV
Vorbereiten von Untergründen und Tapezieren auf Innenflächen **mit** begrenzenden Bauteilen 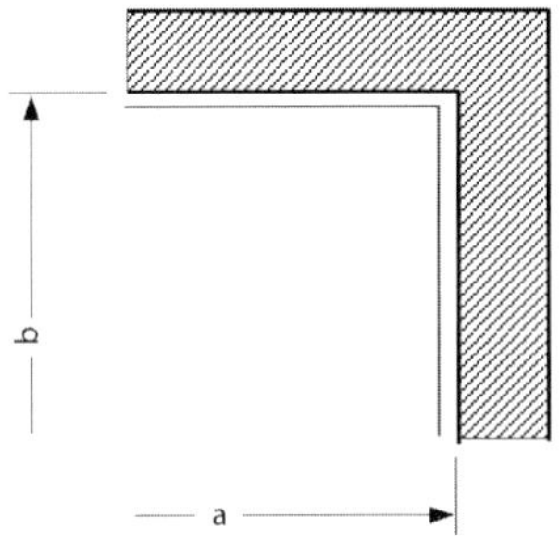	Maße der zu behandelnden Flächen bis zu den ungeputzten, ungedämmten und unbekleideten Bauteile rechnen	5.2.1
Vorbereiten von Untergründen und Tapezieren bei Innenarbeiten	behandelte Flächen rechnen, wenn die Rohbaumaße nicht zu ermitteln sind	5.2.1
begrenzende Bauteile	sind raumbildende Systemböden, Trockenunterböden, Vorsatzschalen, Unterdecken, abgehängte Decken etc.	5.2.1
beliebig geformte Einzelflächen z.B. Ausbesserungsstellen u.Ä. 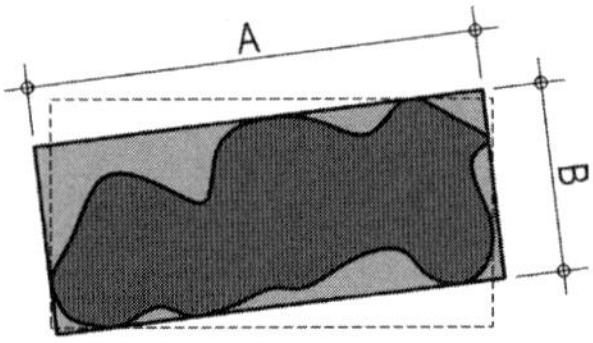	kleinstes umschreibendes Rechteck rechnen Nicht unter diese Regelung fallen Kreise, Dreiecke, Trapeze und Rauten.	5.2.2
Rückflächen von Nischen und Laibungen die bekleidet sind	immer gesondert rechnen, und zwar unabhängig von ihren Einzelgrößen *Tipp:* *Flächen, deren Einzelgrößen nicht größer als 2,5 m² sind, sind nach 0.5.3 nach Anzahl auszuschreiben und abzurechnen.*	5.2.3

Worum geht es?	Wie wird gerechnet/ermittelt?	ATV
verschiedenartige Aussparungen, die unmittelbar zusammenhängen z.B. Öffnungen mit angrenzender Nische 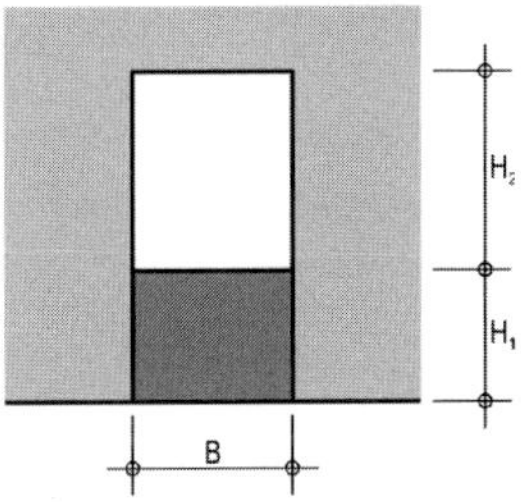	immer getrennt rechnen	5.2.4
Aussparungen, die anteilig in angrenzende, getrennt zu rechnende Flächen einbinden	Übermessungsgröße ist die jeweils anteilige Fläche	5.2.5
Türen, Trennwände, Bekleidungen u.Ä. bei Abrechnung nach Fläche	je tapezierte Seite rechnen	5.2.6
Gesimse, Umrahmungen, Faschen, Wandanschlüsse, umlaufende Friese u.Ä. a) 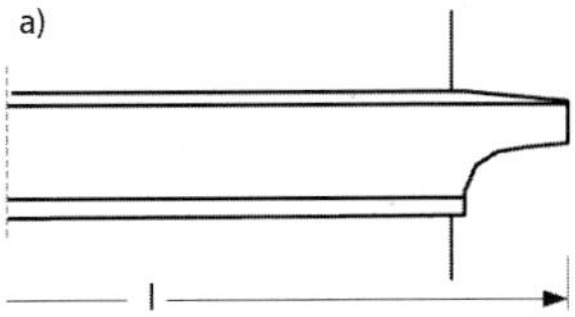 b) 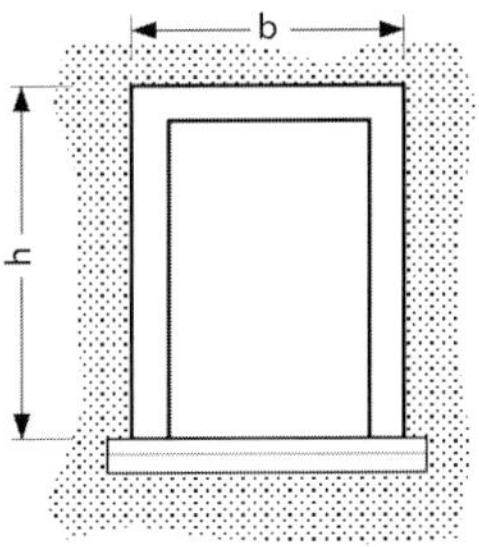	größte, ggf. abgewickelte Bauteilmaße rechnen *Tipp:* *gilt sowohl für die Abrechnung nach dem Längenmaß als auch zur Berechnung der Fläche*	5.2.7

Abrechnung nach Längenmaß [m]

Worum geht es?	Wie wird gerechnet/ermittelt?	ATV
Gesimse, Umrahmungen, Faschen, Wandanschlüsse, umlaufende Friese u.Ä.	größte, ggf. abgewickelte Bauteilmaße rechnen	5.2.7

Abrechnung nach verbrauchter Menge

Worum geht es?	Wie wird gerechnet/ermittelt?	ATV
bei Lieferung von ▪ Tapeten ▪ Wand- oder Deckenbekleidung ▪ Unterlagsstoffen, Untertapeten ▪ Spanntapeten u.Ä. bei vereinbarter Abrechnung nach verbrauchter Menge	Immer tatsächlich verbrauchte Menge abrechnen, wobei die gelieferten Stoffe wirtschaftlich auszunutzen sind, erst dann gelten Verschnitt, Reste und angeschnittene Rollen als verbraucht.	5.2.8

Abzugs- und Übermessungsregeln

Übermessungsregeln bei Abrechnung nach Flächenmaß [m²]

Worum geht es?	Wie wird gerechnet/ermittelt?	ATV
Aussparungen, z.B. Öffnungen, auch raumhoch, Nischen u.Ä. 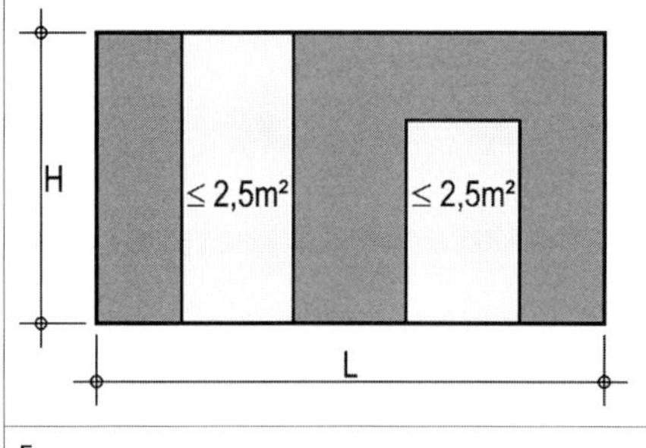	mit Einzelgröße bis einschließlich 2,5 m². Als Übermessungsmaße sind die kleinsten Aussparungsmaße anzusetzen.	5.3.1
Fugen	übermessen	5.3.1
flächenabschließende Gesimse, Friese, Lisenen, Eckverbände, Umrahmungen und Faschen u.Ä.	bis einschließlich 30 cm Einzelbreite übermessen, unabhängig davon, ob sie behandelt werden oder nicht	5.3.1

Worum geht es?	Wie wird gerechnet/ermittelt?	ATV
Leisten, Sockelfliesen u.Ä. 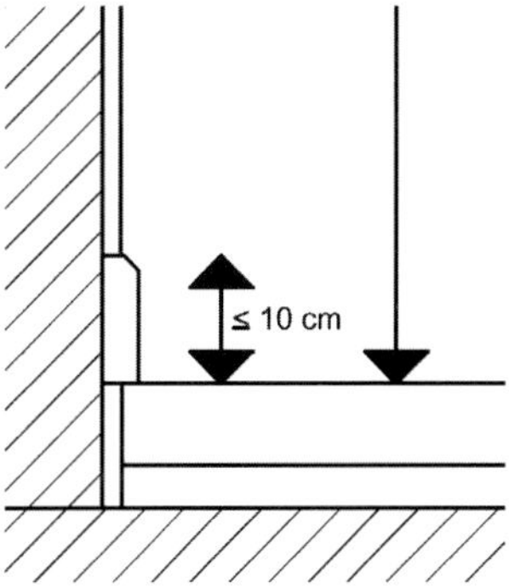	bis einschließlich 10 cm Höhe übermessen	5.3.1
Unterbrechungen in der zu bearbeitenden Fläche z.B. durch Fachwerkteile, Stützen, Unterzüge, Wandvorlagen, Podeste, Gesimse, Friese, Lisenen u.Ä. 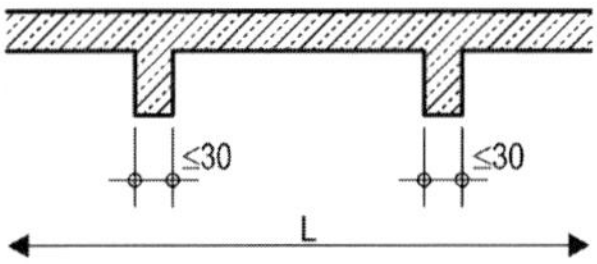	mit einer Einzelbreite bis einschließlich 30 cm übermessen, unabhängig davon, ob sie behandelt werden oder nicht	5.3.1

Übermessungsregeln bei Abrechnung nach Längenmaß [m]

Worum geht es?	Wie wird gerechnet/ermittelt?	ATV
Unterbrechungen	bis einschließlich 1 m Einzellänge übermessen	5.3.2

Einzelregelungen

Worum geht es?	Wie wird gerechnet/ermittelt?	ATV
Gehrungen, Kreuzungen, Verknüpfungen, Endungen u.Ä. von Dekorprofilen, Bordüren, Rosetten etc.	immer gesondert rechnen	5.4.1

Worum geht es?	Wie wird gerechnet/ermittelt?	ATV
Türen, Rollladenkästen u.Ä. die nach Anzahl abgerechnet werden	Abweichungen von den vorgegebenen Maßen in der Höhe und Breite bis 5 cm nicht berücksichtigen	5.4.2
prozentual vorgegebene Behandlung von Flächen bei nicht zusammenhängenden Flächen	Gesamtfläche des behandelten Bauteils rechnen	5.4.3

ATV DIN 18379
Raumlufttechnische Anlagen

Allgemeines

Worum geht es?	Wie wird gerechnet/ermittelt?	ATV
Ermittlung der Leistung	erfolgt nach Zeichnungen, wenn diese den ausgeführten Leistungen entsprechen, andernfalls nach Aufmaß	5
zugrunde gelegt werden gleichgültig, ob die Leistungsermittlung nach Zeichnung oder Aufmaß erfolgt	Maße der Anlagen oder Anlagenteile	5.1
Stücklisten	können dabei hinzugezogen werden	5.1
vereinfachende Regeln Übermessungs- und Einzelregelungen	bei der Ermittlung der Leistungen anwenden	5.1

Ermittlung der Maße/Mengen

Abrechnung nach Flächenmaß [m²]

Worum geht es?	Wie wird gerechnet/ermittelt?	ATV
Luftleitungen und deren Formteile 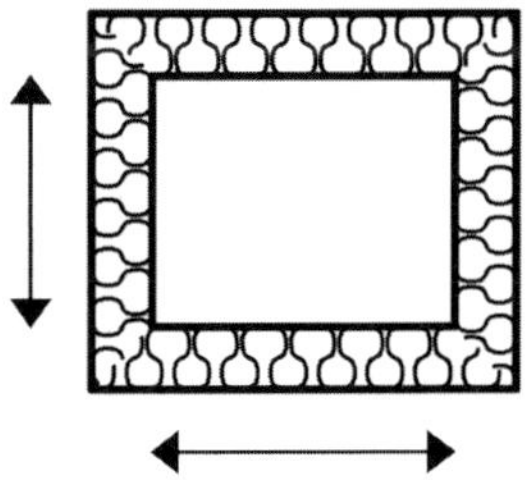	äußere Oberfläche nach vorgegebenen Formeln aus dem größten Umfang (U_{max}) und der größten Länge (l_{max}) ermitteln, ohne Berücksichtigung von Dämmschichtdicken	5.2.1

Abrechnung nach Längenmaß [m]

Worum geht es?	Wie wird gerechnet/ermittelt?	ATV
Luftleitungen einschließlich Bögen, Formteile und Verbindungsstücke 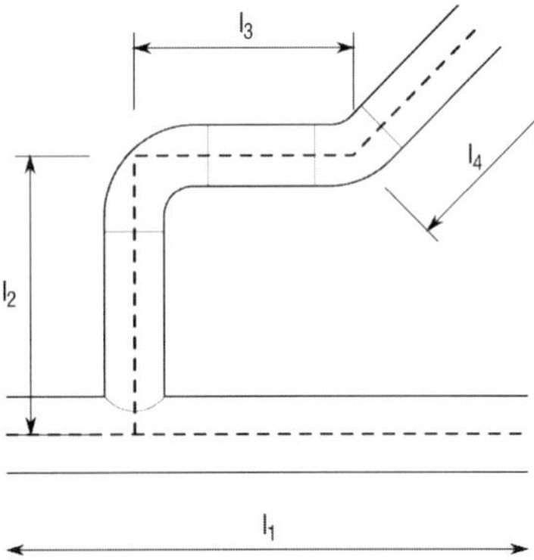 	in der Mittelachse messen, dabei Bögen bis zum Schnittpunkt der Mittelachsen messen	5.2.2
Bögen und sonstige Formteile	immer zusätzlich rechnen	5.2.2
Deckel von Öffnungen	immer zusätzlich rechnen	5.2.2

Abrechnung nach Masse [kg]

Worum geht es?	Wie wird gerechnet/ermittelt?	ATV
Stahlbleche und Bandstahl	7,85 kg/m^2 je 1 mm Dicke rechnen	5.2.3.1
genormte Profile	Masse nach Angaben in DIN-Normen rechnen	5.2.3.1
andere Profile	Masse nach Angaben des Herstellers (Profilbücher) ermitteln	5.2.3.1
Verbindungsmittel z.B. Schrauben, Nieten, Schweißgut etc.	bei der Massenermittlung nicht berücksichtigen	5.2.3.2
verzinkte Bauteile oder verzinkte Konstruktionen	Masse nach Abschnitt 5.2.3.1 ermitteln und 5 % für Verzinkung hinzuschlagen	5.2.3.3

Abzugs- und Übermessungsregeln

Übermessungsregeln

Worum geht es?	Wie wird gerechnet/ermittelt?	ATV
Ausschnitte für Luftdurchlässe und Stutzen	übermessen	5.3.1
Bögen, Formteile und Verbindungsstücke bei Abrechnung nach Längenmaß	übermessen	5.3.2

Einzelregelungen

Worum geht es?	Wie wird gerechnet/ermittelt?	ATV
Formteile gemäß Tabelle 2 und Formteile der Abrechnungsgruppe F1 bis F5 gemäß Tabelle 1 mit einer ermittelten Oberfläche bis einschließlich 1 m^2	mit 1 m^2 rechnen, dabei Formteile mit Kurzzeichen SR nur bei einer Länge bis einschließlich 500 mm *Tipp:* *Tabelle 1 ist in Abschnitt 0.5.1 abgebildet.*	5.4
Ermittlungvon U_{max} und l_{max}	erfolgt nach vorgegebenen Formeln der Tabelle 2 „Luftleitungen und deren Formteile, größte Umfänge, größte Längen und Flächen"	5.4

ATV DIN 18380 Heizanlagen und zentrale Wassererwärmungs-anlagen

Allgemeines

Worum geht es?	Wie wird gerechnet/ermittelt?	ATV
Ermittlung der Leistung	erfolgt nach Zeichnungen, wenn diese den ausgeführten Leistungen entsprechen, andernfalls nach Aufmaß	5
zugrunde gelegt werden gleichgültig, ob die Leistungsermittlung nach Zeichnung oder Aufmaß erfolgt	Maße der Anlagen oder Anlagenteile	5.1
Stücklisten	können zur Leistungsermittlung hinzugezogen werden	5.1
bei Flächenheizungen, z.B. Fußbodenheizungen auf Flächen, die durch Bauteile begrenzt werden 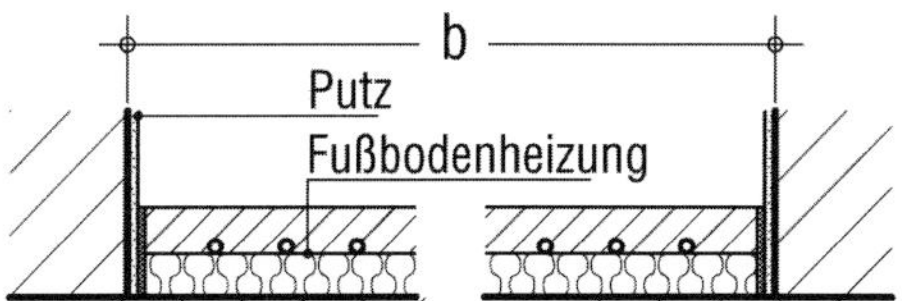 	Maße der belegten Flächen bis zu den sie begrenzenden, ungeputzten, ungedämmten bzw. unbekleideten Bauteilen rechnen *Tipp:* *entspricht den Rohbaumaßen*	5.1
bei Flächenheizungen, z.B. Fußbodenheizungen auf Flächen **ohne** begrenzende Bauteile 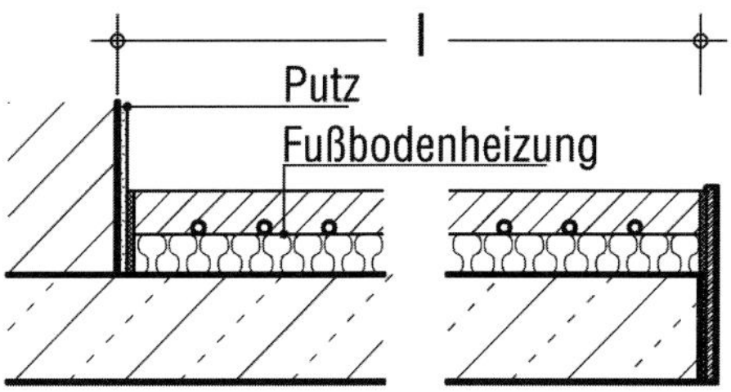 	Maße der belegten Flächen rechnen	5.1

Worum geht es?	Wie wird gerechnet/ermittelt?	ATV
vereinfachende Regeln Übermessungs- und Einzelregelungen	bei der Ermittlung der Leistungen anwenden	5.1

Ermittlung der Maße/Mengen

Abrechnung nach Längenmaß [m]

Worum geht es?	Wie wird gerechnet/ermittelt?	ATV
Rohrleitungen 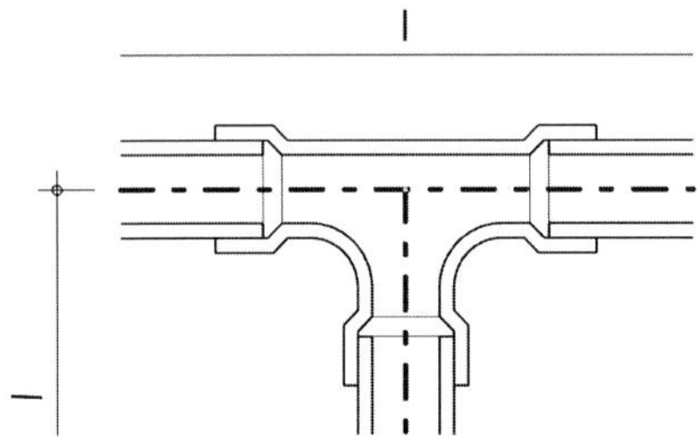	in der Mittelachse messen	5.2.1

Worum geht es?	Wie wird gerechnet/ermittelt?	ATV
Rohrbögen 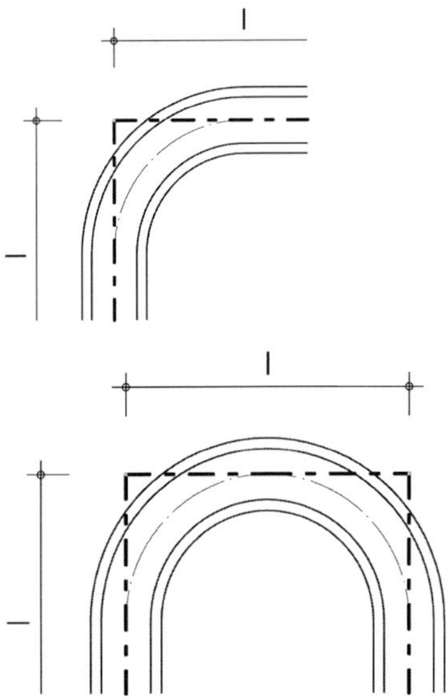	dabei bis zum Schnittpunkt der Mittelachsen messen	5.2.1
Armaturen, Rohrbögen und Formstücke	dabei immer zusätzlich rechnen	5.2.1

Abrechnung nach Masse [kg, t]

Worum geht es?	Wie wird gerechnet/ermittelt?	ATV
Stahlbleche und Bandstahl	8 kg/m^2 je 1 mm Materialdicke ansetzen	5.2.2.1
genormte Profile	Masse nach Angaben in DIN-Normen rechnen	5.2.2.1
andere Profile	Masse nach Angaben des Herstellers (Profilbücher) ermitteln	5.2.2.1
Verbindungsmittel z.B. Schrauben, Nieten, Schweißgut etc.	bei der Massenermittlung nicht berücksichtigen	5.2.2.2

Worum geht es?	Wie wird gerechnet/ermittelt?	ATV
verzinkte Bauteile oder verzinkte Konstruktionen	Masse wie oben angegeben (Abschnitt 5.2.2.1) ermitteln und 5 % für Verzinkung aufschlagen	5.2.2.3

Abzugs- und Übermessungsregeln

Übermessungsregeln bei Abrechnung nach Flächenmaß [m^2]

Worum geht es?	Wie wird gerechnet/ermittelt?	ATV
Aussparungen bei Fußbodenheizungen	bis einschließlich 2,5 m^2 übermessen	5.3.1

Übermessungsregeln bei Abrechnung nach Längenmaß [m]

Worum geht es?	Wie wird gerechnet/ermittelt?	ATV
Armaturen, Rohrbögen, Form-, Pass- und Verbindungsstücke	übermessen	5.3.2

Einzelregelungen

Keine Regelungen

ATV DIN 18381 Gas-, Wasser- und Entwässerungsanlagen innerhalb von Gebäuden

Allgemeines

Worum geht es?	Wie wird gerechnet/ermittelt?	ATV
Ermittlung der Leistung	erfolgt nach Zeichnungen, wenn diese den ausgeführten Leistungen entsprechen, andernfalls nach Aufmaß	5
zugrunde gelegt werden gleichgültig, ob die Leistungsermittlung nach Zeichnung oder Aufmaß erfolgt	Maße der Anlagen oder Anlagenteile	5.1.1
Stücklisten	können zur Leistungsermittlung hinzugezogen werden	5.1.1
vereinfachende Regeln Übermessungs- und Einzelregelungen	bei der Ermittlung der Leistungen anwenden	5.1.1

Ermittlung der Maße/Mengen

Abrechnung nach Längenmaß [m]

Worum geht es?	Wie wird gerechnet/ermittelt?	ATV
Rohrleitungen 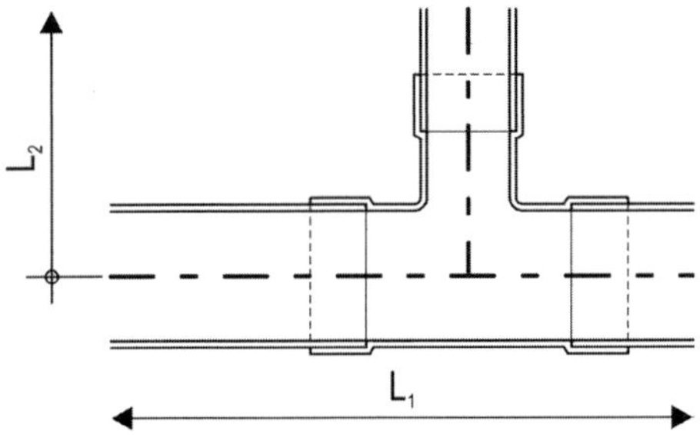	in der Mittelachse messen	5.2.1

Worum geht es?	Wie wird gerechnet/ermittelt?	ATV
Rohrbögen 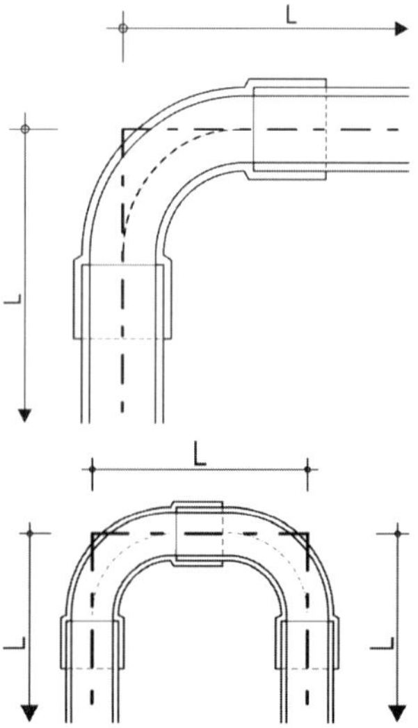	dabei bis zum Schnittpunkt der Mittelachsen messen	5.2.1
Armaturen, Rohrbögen und Formstücke	dabei immer zusätzlich rechnen	5.2.1

Abrechnung nach Masse [kg]

Worum geht es?	Wie wird gerechnet/ermittelt?	ATV
Stahlbleche und Bandstahl	8 kg/m² je 1 mm Dicke ansetzen	5.2.2.1
genormte Profile	Masse nach Angaben in DIN-Normen rechnen	5.2.2.1
andere Profile	Masse nach Angaben des Herstellers (Profilbücher) ermitteln	5.2.2.1
Verbindungsmittel z.B. Schrauben, Nieten, Schweißgut etc.	bei der Massenermittlung nicht berücksichtigen	5.2.2.2
verzinkte Bauteile oder verzinkte Konstruktionen	Masse wie oben (nach Abschnitt 5.2.2.1) ermitteln und 5 % für Verzinkung hinzuschlagen	5.2.2.3

Abzugs- und Übermessungsregeln

Übermessungsregeln bei Abrechnung nach Längenmaß [m]

Worum geht es?	Wie wird gerechnet/ermittelt?	ATV
Armaturen, Rohrbögen, Form-, Pass- und Verbindungsstücke	übermessen	5.3

Einzelregelungen

Keine Regelungen

ATV DIN 18382
Nieder- und Mittelspannungsanlagen mit Nennspannungen bis 36 kV

Allgemeines

Worum geht es?	Wie wird gerechnet/ermittelt?	ATV
Ermittlung der Leistung	erfolgt nach Zeichnungen, wenn diese den ausgeführten Leistungen entsprechen, andernfalls nach Aufmaß	5
zugrunde gelegt werden gleichgültig, ob die Leistungsermittlung nach Zeichnung oder Aufmaß erfolgt 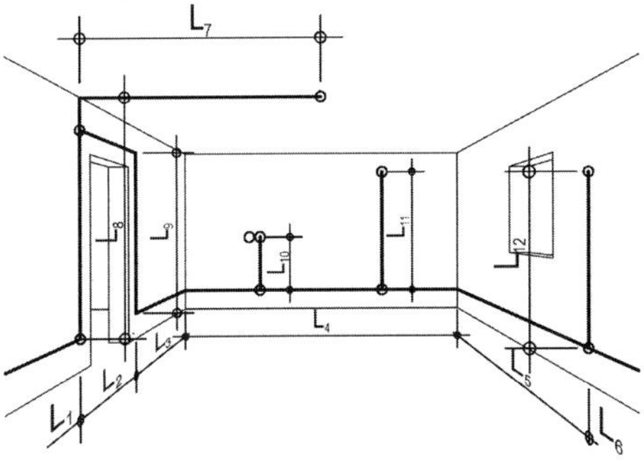	Maße der Anlagenteile	5.1

Ermittlung der Maße/Mengen

Abrechnung nach Längenmaß [m]

Worum geht es?	Wie wird gerechnet/ermittelt?	ATV
Kabel, Leitungen, Drähte, Rohre und Bauteile von längenorientierten Bauteilen von Verlegesystemen 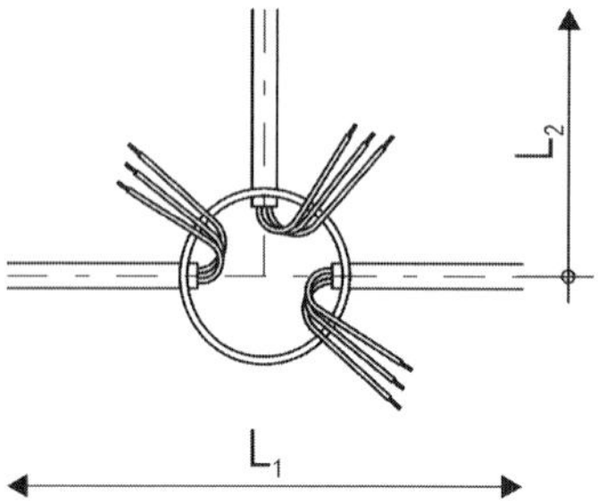	in der Mittelachse messen und nach tatsächlich verlegter Länge abrechnen	5.2
Verschnitt bei der Verlegung von Kabeln, Leitungen, Drähten, Rohren und Bauteilen von Verlegesystemen	bleibt unberücksichtigt	5.2
elektrische Betriebsmittel und elektrische Bauteile 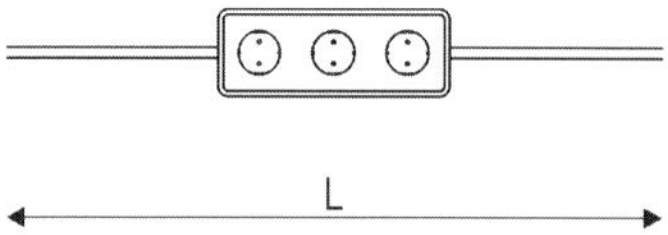	immer übermessen und gesondert nach Anzahl erfassen	5.3

ATV DIN 18384
Blitzschutzanlagen

Allgemeines

Worum geht es?	Wie wird gerechnet/ermittelt?	ATV
Ermittlung der Leistung	erfolgt nach Zeichnungen, wenn diese den ausgeführten Leistungen entsprechen, andernfalls nach Aufmaß	5
zugrunde gelegt werden gleichgültig, ob die Leistungsermittlung nach Zeichnung oder Aufmaß erfolgt 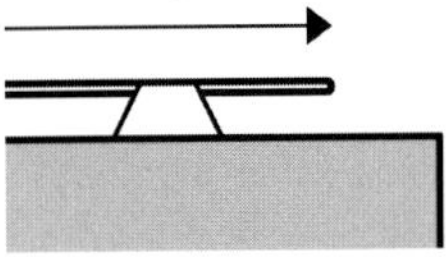	Maße der Anlagenteile Diese Regelung gilt nicht, wenn für Gesamt- oder Teilleistungen pauschale Vergütungen ausgemacht wurden.	5.1

Ermittlung der Maße/Mengen

Abrechnung nach Längenmaß [m]

Worum geht es?	Wie wird gerechnet/ermittelt?	ATV
Leitungen, Erdleiter und Fangleiter	nach tatsächlich verlegter Länge abrechnen	5.2
Verschnitt von Leitungen, Erdleitern und Fangleitern	bleibt dabei unberücksichtigt	5.2

ATV DIN 18385
Aufzugsanlagen, Fahrtreppen und Fahrsteige sowie Förderanlagen

Allgemeines

Worum geht es?	Wie wird gerechnet/ermittelt?	ATV
Ermittlung der Leistung	erfolgt nach Zeichnungen, wenn diese den ausgeführten Leistungen entsprechen, andernfalls nach Aufmaß	5
zugrunde gelegt werden gleichgültig, ob die Leistungsermittlung nach Zeichnung oder Aufmaß erfolgt	Maße der hergestellten Anlagen	5.1

Ermittlung der Maße/Mengen

Worum geht es?	Wie wird gerechnet/ermittelt?	ATV
alle Anlagen z.B. Förderanlagen, Aufzugsanlagen, Fahrtreppen und Fahrsteige u.Ä.	immer als Einheit abrechnen, und zwar getrennt nach den jeweiligen technischen Daten *Tipp:* *Durch die Abrechnung, die gemäß VOB Abschnitt 0.5 i.d.R. nach Anzahl erfolgt, ist es erforderlich, dass der Vertrag eine ausführliche und vollständige Beschreibung der Anlagen mit allen Besonderen Leistungen enthält.*	5.2

Abzugs- und Übermessungsregeln

Keine Regelungen

Einzelregelungen

Keine Regelungen

ATV DIN 18386
Gebäudeautomation

Allgemeines

Worum geht es?	Wie wird gerechnet/ermittelt?	ATV
Ermittlung der Leistung	erfolgt nach Zeichnungen, wenn diese den ausgeführten Leistungen entsprechen, andernfalls nach Aufmaß	5
zugrunde gelegt werden gleichgültig, ob die Leistungsermittlung nach Zeichnung oder Aufmaß erfolgt	Maße der Anlagenteile der hergestellten Anlagen	5.1
bei Leistungsermittlung aus Zeichnungen	Stück- und Belegungslisten, aktualisierte Funktionslisten, Systemprotokolle können hinzugezogen werden	5.1

Ermittlung der Maße/Mengen

Worum geht es?	Wie wird gerechnet/ermittelt?	ATV
Kabel, Leitungen, Drähte, Rohre und Bauteile von Verlegesystemen 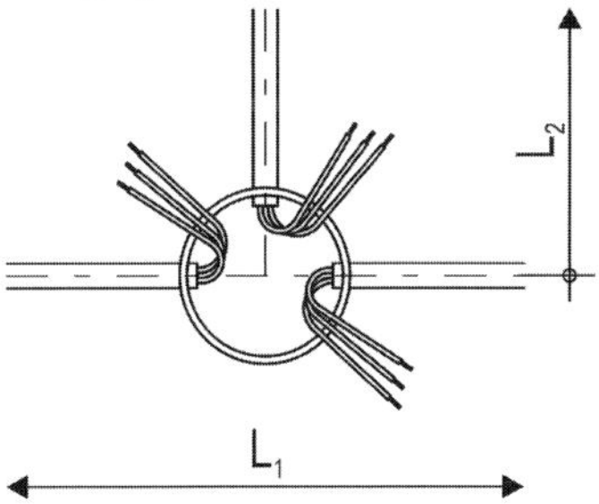	nach tatsächlich verlegter Länge rechnen	5.2.1
Funktionen inklusive Software	nach Anzahl [Stück] rechnen, gemäß: ▪ DIN EN ISO 16484-3 ▪ VDI 3813, Blatt 2	5.2.2

Übermessungsregeln

Keine Regelungen

Einzelregelungen

Keine Regelungen

ATV DIN 18421
Dämm- und Brandschutzarbeiten an technischen Anlagen

Allgemeines

Worum geht es?	Wie wird gerechnet/ermittelt?	ATV
Ermittlung der Leistung	erfolgt nach Zeichnungen, wenn diese den ausgeführten Leistungen entsprechen, andernfalls nach Aufmaß	5
bei Leistungsermittlung aus Zeichnungen	Stücklisten dürfen hinzugezogen werden	5.2.1
zugrunde gelegt werden gleichgültig, ob die Leistungsermittlung nach Zeichnung oder Aufmaß erfolgt		5.1
bei Dämmstoffschichten	Maße der Dämmstoffschichten	5.1
bei Brandschutzbeschichtungen	Maße der Brandschutzbeschichtungen	5.1
bei Abschirmungen von Heiz- und Kühlzonen für Begleitheizungen und -kühlungen oder Kompensatoren	Maße der Abschirmungen	5.1
bei Dämmungen mit Ummantelung	Maße der Ummantelung	5.1
bei Ummantelungen	Maße der Ummantelungen	5.1
bei Brandschutzbekleidungen	Maße der Brandschutzbekleidungen	5.1
bei Kappen und Hauben	Maße der Kappen und Hauben	5.1
vereinfachende Regeln Übermessungs- und Einzelregelungen	bei der Ermittlung der Leistungen anwenden	5.1

Ermittlung der Maße/Mengen

Ermittlung von Längenmaßen [m]

Worum geht es?	Wie wird gerechnet/ermittelt?	ATV
Längenmaße 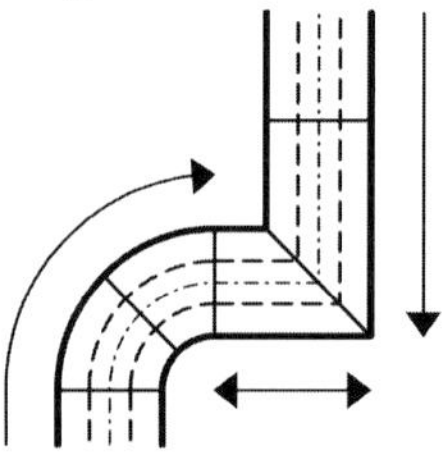	in Achsrichtung entlang der größten Bauteillänge messen	5.2.2
Rohrleitungen und runden Lüftungsleitungen 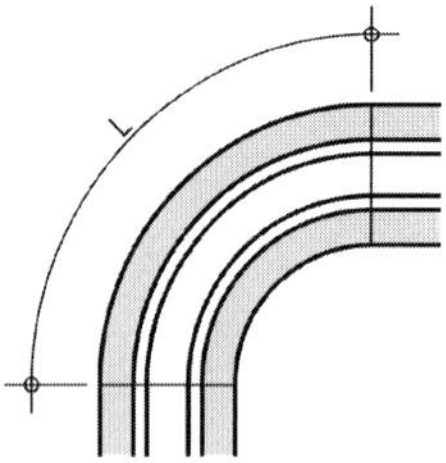	entlang des Außenbogens messen	5.2.2
eckige Kanäle 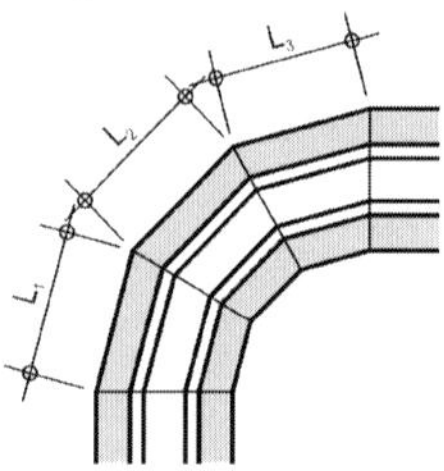	entlang der Außenkante messen	5.2.2
Konusse 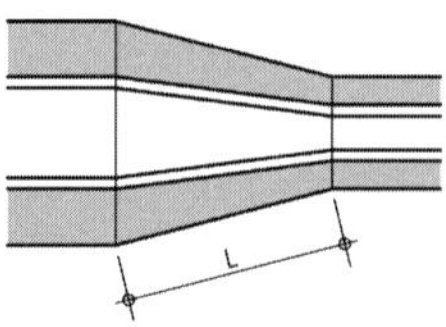	entlang der größten Mantellinie messen	5.2.2

Worum geht es?	Wie wird gerechnet/ermittelt?	ATV
Füllungen von Fugen an z.B. Brandschutzklappen 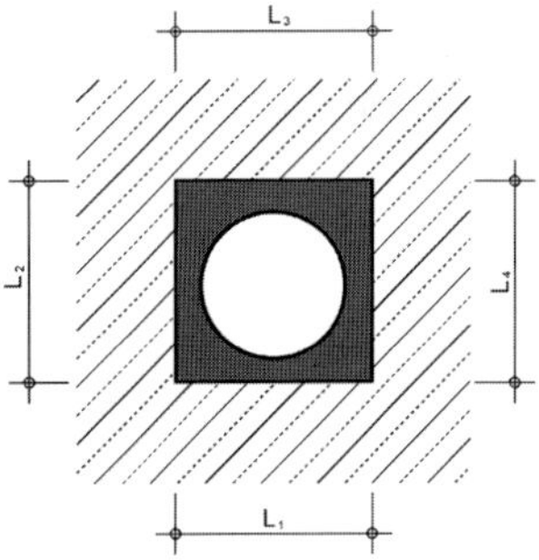	entlang der Laibung messen	5.2.2
Endstellen und Einbauten mit Einzellängen > 300 mm	gesamte Länge bis zur Mitte des Flanschpaars, der Verschraubung oder Schweißnaht messen, z.B. bei Rohrdämmung inkl. Ummantelung	5.2.3

Abrechnung nach Längenmaß [m]

Worum geht es?	Wie wird gerechnet/ermittelt?	ATV
konische Rohre 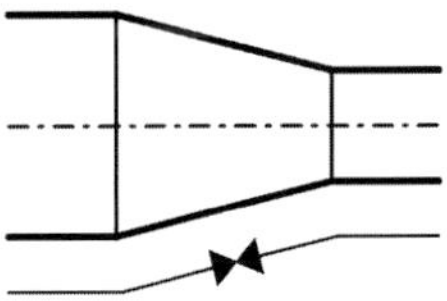	Länge der konischen Rohre jeweils zur Hälfte den Maßen und Dämmstoffdicken oder Ummantelungsumfängen der angrenzenden Rohre zuordnen	5.2.4
Rohrbündel deren Rohre einzeln gedämmt sind	Dämmung oder Brandschutzbekleidung für jedes einzelne Rohr abrechnen, die gemeinsame Ummantelung wird jedoch nur einmal abgerechnet	5.2.5

Worum geht es?	Wie wird gerechnet/ermittelt?	ATV
Rohrbündel deren Rohre **nicht** einzeln gedämmt sind	Dämmung oder Brandschutzbekleidung des Rohrbündels abrechnen, die gemeinsame Ummantelung wird jedoch nur einmal abgerechnet	5.2.6

Abrechnung nach Flächenmaß [m^2]

Worum geht es?	Wie wird gerechnet/ermittelt?	ATV
Dämmungen oder Bekleidungen die **außen** liegen 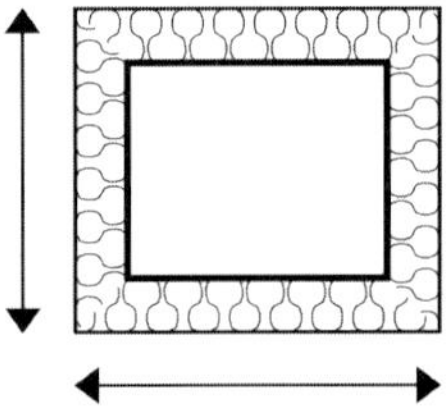	abzurechnende Fläche nach der größten Oberfläche der fertigen Dämmung oder Ummantelung ermitteln	5.2.7
Dämmungen oder Bekleidungen die **innen** liegen 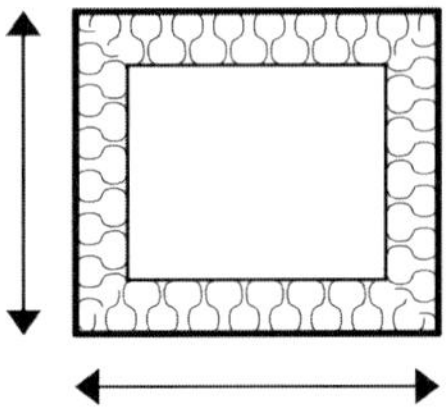	abzurechnende Fläche nach der zu dämmenden oder zu schützenden Fläche **vor** Aufbringen der Dämmung oder Bekleidung ermitteln	5.2.7
Flächen kreisrunder Stirnseiten ohne deren zylindrische Teile	wie folgt ermitteln, dabei ist: A: Fläche der Stirnseite [m^2] d_a: äußerer Durchmesser der Stirnseite [m] U: äußerer Umfang der Stirnseite [m] h: Höhe des Trichters oder der Kalotte [m]	5.2.8
ebene Stirnseite	$A = 0{,}0796\ U^2$	5.2.8

Worum geht es?	Wie wird gerechnet/ermittelt?	ATV
Stirnseite in Trichterform ($h : d_a \leq 1 : 10$) 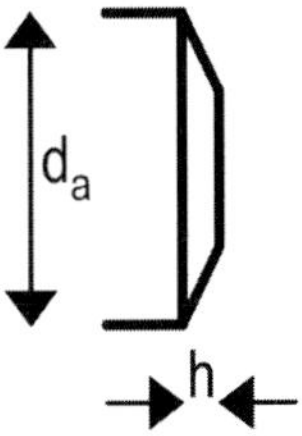	$A = 0{,}082\ U^2$	5.2.8
flachgewölbte Stirnseite in Kalottenform ($d_a \leq 10$ m) 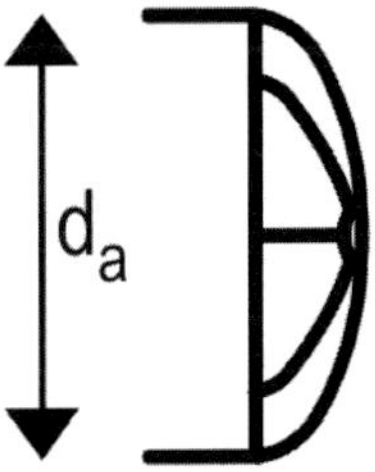	$A = 0{,}082\ U^2$	5.2.8
flachgewölbte Stirnseite in Kalottenform ($d_a > 10$ m) 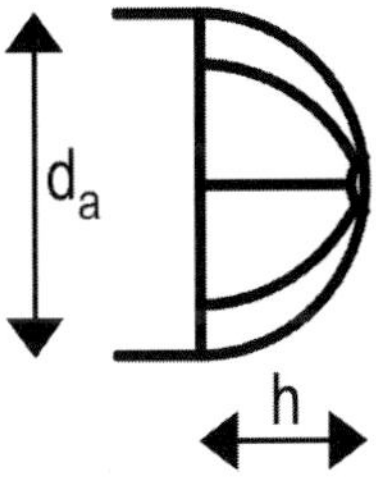	$A = 0{,}0796\ U^2 + 3{,}14\ h^2$	5.2.8
hochgewölbte Stirnseite in Halbkugelform	$A = 0{,}1591\ U^2$	5.2.8
hochgewölbte Stirnseite in Zeppelinform 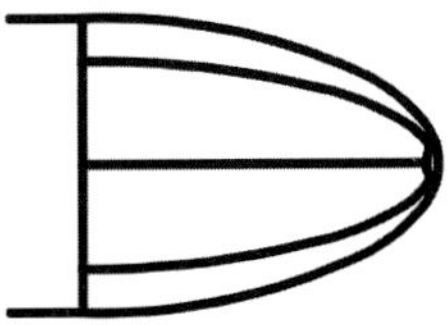	$A = 0{,}109\ U^2$	5.2.8

Abzugs- und Übermessungsregeln

Übermessungsregeln, allgemein

Worum geht es?	Wie wird gerechnet/ermittelt?	ATV
▪ Abflachungen ▪ Halterungen ▪ Ausschnitte ▪ Blenden, Rosetten, Deckel ▪ Bögen ▪ Einsätze ▪ Hosenstücke ▪ Knicke ▪ konische Bögen und Konusse ▪ Kreisringe, Manteleinschnürungen ▪ Passstücke ▪ Regenabweiser ▪ Stutzen ▪ Tragkonstruktionen ▪ Trennungen der Ummantelungen und Brandschutzbekleidungen ▪ Übergangsstücke 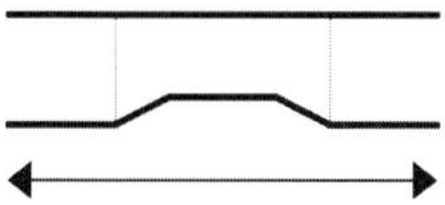 bei der Abrechnung von Dämmungen, Ummantelungen und Brandschutzbekleidungen sowohl nach **Längenmaß** [m] als auch nach **Flächenmaß** [m²]	immer übermessen	5.3.4

Übermessungsregeln bei Abrechnung nach Längenmaß [m]

Worum geht es?	Wie wird gerechnet/ermittelt?	ATV
Unterbrechungen der Dämmung, Ummantelung und Brandschutzbekleidung durch Wände; Decken und andere Konstruktionsteile	Einzellängen bis einschließlich 300 mm übermessen	5.3.1

Worum geht es?	Wie wird gerechnet/ermittelt?	ATV
Unterbrechungen der Dämmung, Ummantelung und Brandschutzbekleidung durch Einbauten wie z.B. Pumpen, Absperrungen, Ventile etc.	Einzellängen bis einschließlich 300 mm übermessen	5.3.1
Flansch-, Schraub- und Schweißverbindungen 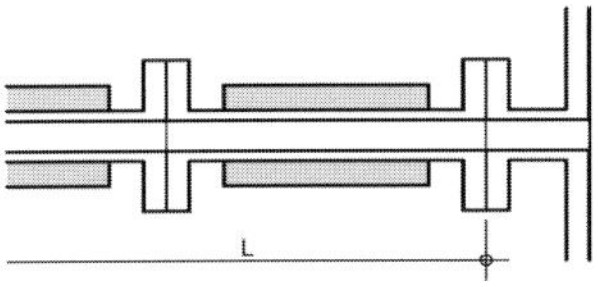	Übermessen	5.3.1

Übermessungsregeln bei Abrechnung nach Flächenmaß [m^2]

Worum geht es?	Wie wird gerechnet/ermittelt?	ATV
Aussparungen und Ausschnitte	bis einschließlich 0,5 m^2 Einzelfläche *Tipp:* *entspricht einem Quadrat mit 70 cm Seitenlänge oder einem Kreis mit einem Durchmesser von ca. 80 cm*	5.3.2
Aussparungen und Ausschnitte die erst **während oder nach** dem Einbau angelegt werden können	unabhängig von der Größe übermessen	5.3.2
Durchdringungen bei Brandabschottungen	übermessen	5.3.2
Flansche an raumlufttechnischen Luftleitungen	übermessen	5.3.2

Übermessungsregeln bei Abrechnung nach Raummaß [m^3]

Worum geht es?	Wie wird gerechnet/ermittelt?	ATV
Volumen von Rohren	mit einem äußeren Durchmesser von bis zu einschließlich 12 cm	5.3.3
sonstige Leitungen z.B. Kanäle mit einem rechteckigen Querschnitt	mit einem Querschnitt von bis zu einschließlich 125 cm^2	5.2.3

Worum geht es?	Wie wird gerechnet/ermittelt?	ATV
Durchdringungen bei Brandschutzabschottungen	übermessen	5.2.3

Einzelregelungen

Worum geht es?	Wie wird gerechnet/ermittelt?	ATV
Dämmstoffschichten mit Ummantelungen	Maße der Ummantelung rechnen	5.4.1
▪ Abflachungen ▪ Halterungen ▪ Aufdoppelungen ▪ Ausschnitte ▪ Blenden, Rosetten, Deckel ▪ Bögen ▪ Einsätze ▪ Endstellen ▪ Endstellenausbildungen von Ummantelungen und Bekleidungen ▪ Hosenstücke ▪ Knicke ▪ konische Bögen und Konusse ▪ Kreisringe, Manteleinschnürungen ▪ Passstücke ▪ Regenabweiser ▪ Stirnseiten ▪ Stutzen ▪ Tragkonstruktionen ▪ Trennungen der Ummantelungen und Brandschutzbekleidungen ▪ Übergangsstücke ▪ Anschlüsse an angrenzende Bauteile bei der Abrechnung von Dämmungen, Ummantelungen und Brandschutzbekleidungen sowohl nach **Längenmaß [m]** als auch nach **Flächenmaß [m²]**	immer gesondert rechnen, unabhängig davon, ob sie übermessen werden oder nicht	5.4.2

Worum geht es?	Wie wird gerechnet/ermittelt?	ATV
Flanschenkappen	die Leistung umfasst zwei Ausschnitte, weitere Ausschnitte sind gesondert abzurechnen	5.4.3
Armaturenkappen	die Leistung umfasst drei Ausschnitte, weitere Ausschnitte sind gesondert abzurechnen	5.4.3
Formteile gemäß Tabelle 2 und Formteile der Abrechnungsgruppe F1 bis F5 gemäß Tabelle 1 mit einer ermittelten Oberfläche bis einschließlich 1 m^2 ohne Dämmung	mit 1 m^2 rechnen *Tipp:* *Tabelle 1 ist in Abschnitt 0.5.2 abgebildet*	5.4.4
Ermittlung von Umfang und Länge	erfolgt nach vorgegebenen Formeln der Tabelle 2 „Luftleitungen und deren Formteile, größte Umfänge, größte Längen und Flächen einschließlich Dämmung“	5.4.4

ATV DIN 18451
Gerüstarbeiten

Allgemeines

Worum geht es?	Wie wird gerechnet/ermittelt?	ATV
Ermittlung der Leistung	erfolgt nach Zeichnungen, wenn diese den ausgeführten Leistungen entsprechen, andernfalls nach Aufmaß	5
vereinfachende Regeln Übermessungs- und Einzelregelungen	bei der Ermittlung der Leistungen anwenden	5.1.1
Trennung der Abrechnung	erfolgt nach ■ Bauart und Verwendungszweck ■ Raummaß ■ Flächenmaß ■ Längenmaß ■ Anzahl	5.1.2
Leistungsermittlung	wird gesondert auf die jeweilige Funktion bezogen gerechnet	5.1.3
zugrunde gelegt werden gleichgültig, ob die Leistungsermittlung nach Zeichnung oder Aufmaß erfolgt	entweder die Maße der eingerüsteten Flächen oder die Flächen der Außenseiten der Gerüstkonstruktionen	5.1.3
Maße der eingerüsteten Flächen bei der Abrechnung von Arbeitsgerüsten oder Hängegerüsten	nach Flächenmaß [m^2]	5.1.3
Maße der eingerüsteten Flächen bei der Abrechnung von Gerüstverbreiterungen zur Ein- und Umrüstung von Bauwerken und -teilen	nach Längenmaß [m]	5.1.3
Maße der eingerüsteten Flächen bei der Abrechnung von Raumgerüsten oder Traggerüsten	nach Raummaß [m^3]	5.1.3
Maße der Außenseiten der Gerüstkonstruktion bei der Abrechnung von Gerüstbekleidungen, Schutzgerüsten, Auflagergerüsten, Wetterschutzdächern	nach Flächenmaß [m^2]	5.1.3

Worum geht es?	Wie wird gerechnet/ermittelt?	ATV
Maße der Außenseiten der Gerüstkonstruktion bei der Abrechnung von Schutzgerüsten, Innengeländern, Überbrückungen	nach Längenmaß [m]	5.1.3
Maße der Außenseiten der Gerüstkonstruktion bei der Abrechnung von Gerüstverbreiterungen als Fanglage	nach Längenmaß [m]	5.1.3
Maße der Außenseiten der Gerüstkonstruktion bei der Abrechnung von Raumgerüsten oder Traggerüsten, jedoch nur dann, wenn die Außenmaße der Gerüste nicht durch Bauteile oder -werke begrenzt werden	nach Raummaß [m^3]	5.1.3
Maße der Außenseiten der Gerüstkonstruktion bei der Abrechnung von Hängegerüsten, jedoch nur dann, wenn die Außenmaße der Gerüste nicht durch Bauteile oder -werke begrenzt werden	nach Flächenmaß [m^2]	5.1.3
eingerüstete Fläche 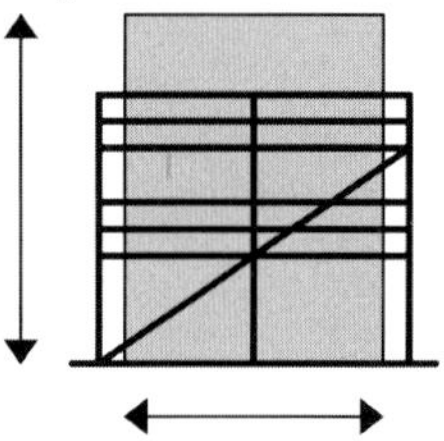	ist die Fläche eines Bauteils, zu deren Bearbeitung oder Schutz das Gerüst vorgesehen ist	5.1.4
Standfläche eines Gerüsts 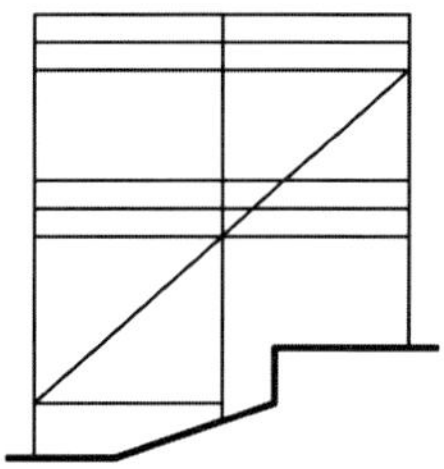	ist die vom Gerüst überbaute Fläche zwischen den Einleitungspunkten, die zur Ableitung der Lasten aus der Gerüstkonstruktion in den Untergrund oder das Bauwerk dient	5.1.5
Gerüsthöhe	wird immer von deren Standfläche aus gerechnet	5.1.6

Ermittlung der Maße/Mengen

Abrechnung von Standgerüsten als Arbeitsgerüste

Worum geht es?	Wie wird gerechnet/ermittelt?	ATV
Abrechnung von Standgerüsten als Arbeitsgerüste	eingerüstete Fläche nach 5.2.1.1 bis 5.2.1.4 rechnen	5.2.1
Länge des Gerüsts 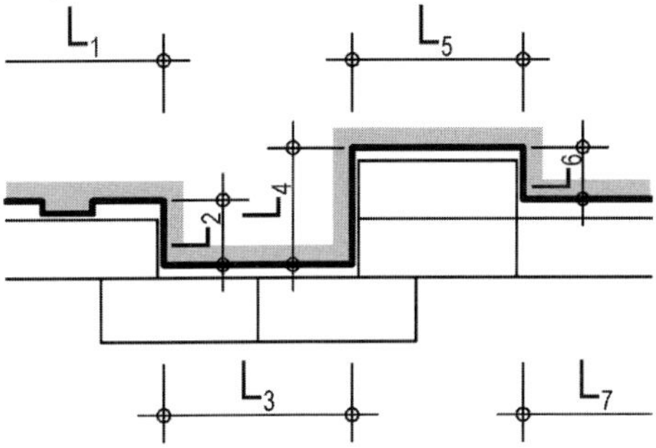	in der größten horizontalen Abwicklung der eingerüsteten Fläche rechnen, mindestens jedoch mit 2,5 m	5.2.1.1
Höhe des Gerüsts	von der Standfläche des Gerüsts bis zur höchsten Stelle der eingerüsteten Fläche, maximal jedoch bis 2 m über der obersten Belagfläche	5.2.1.2

Worum geht es?	Wie wird gerechnet/ermittelt?	ATV
bei abschnittsweisem Auf- oder Abbau in der Höhe 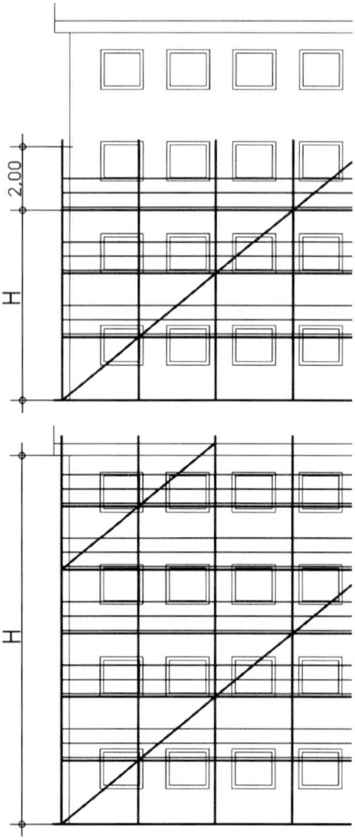 	Höhe je Abschnitt von der Standfläche der Gerüste bis zum jeweils obersten Gerüstbelag, zuzüglich 2 m rechnen und abzüglich des Höhenmaßes des jeweils zuvor berechneten Abschnitts, maximal aber nur bis zur höchsten Stelle der eingerüsteten Fläche rechnen	5.2.1.3
bei abschnittsweisem Auf- und Abbau in der Länge	die einzelnen Abschnitte nach 5.2.1.1 rechnen	5.2.1.3

Worum geht es?	Wie wird gerechnet/ermittelt?	ATV
Teilgerüste vor Dachgauben, Dachaufbauten u.Ä. 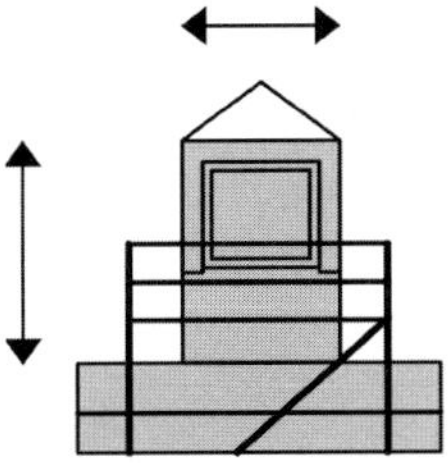	in der Breite der eingerüsteten Bauteile, entsprechend der Abwicklung der eingerüsteten Bauteile rechnen, in der Höhe bis zur höchsten Stelle dieser Bauteile rechnen, maximal jedoch bis 2 m über der obersten Belagfläche	5.2.1.4
Lasten aus Teilgerüsten vor Dachgauben, Dachaufbauten u.Ä. die in ein Standgerüst eingeleitet werden	Als Standfläche der Konstruktion ist das Standgerüst anzusetzen, zusätzlich ist Abschnitt 5.1.4 anzuwenden.	5.2.1.4

Abrechnung von Gerüstverbreiterungen

Worum geht es?	Wie wird gerechnet/ermittelt?	ATV
Verbreiterungen von Gerüsten mittels Konsolen u.Ä. zum Ein- bzw. Umrüsten für die Bearbeitung von Bauteilen wie Gesimsen, Dachüberständen, Rinnen u.Ä.	nach Längenmaß, und zwar zusätzlich zum Standgerüst rechnen	5.2.2.1
Ermittlung des Längenmaßes Gerüstverbreiterungen 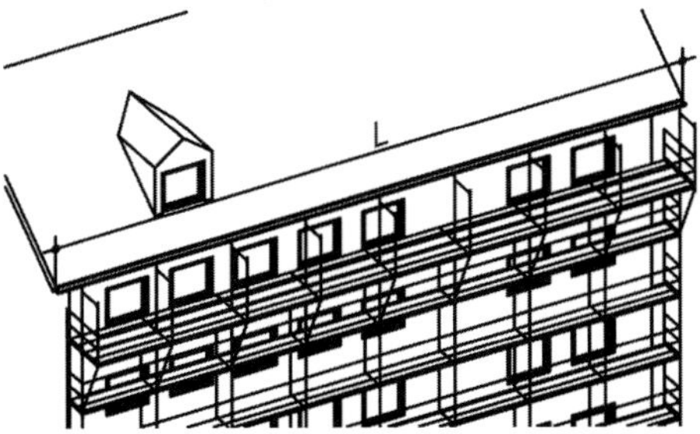	Länge des ein- oder umgerüsteten Bauteils rechnen, zusätzlich gilt Abschnitt 5.2.3.2	5.2.2.2

Abrechnung von Schutzgerüsten

Worum geht es?	Wie wird gerechnet/ermittelt?	ATV
Abrechnung nach Flächenmaß [m²] technisch erforderliche Länge von Schutzgerüsten als Fanggerüste, Dachfanggerüste, Schutzdächer, Fußgängertunnel u.Ä.	gemäß DIN 4420-1 in der größten Abwicklung an den Gerüstaußenseiten rechnen, wie bei Abrechnung von Arbeitsgerüsten nach Flächenmaß (5.2) rechnen	5.2.3.1
Abrechnung nach Flächenmaß [m²] Höhe von Schutzgerüsten als Fanggerüste, Dachfanggerüste, Schutzdächer, Fußgängertunnel	von der Gerüststandfläche bis 2 m über die oberste Belagfläche rechnen	5.2.3.1
Abrechnung nach Längenmaß [m] von Schutzgerüsten als Fanggerüste, Dachfanggerüste, Schutzdächer, Fußgängertunnel u.Ä. 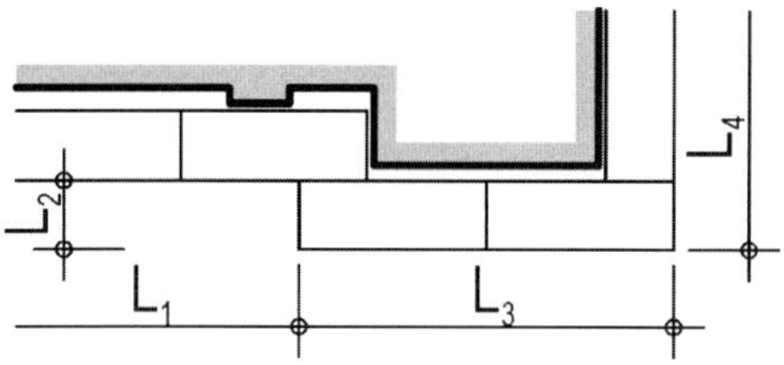	Länge in der größten Abwicklung an den Gerüstaußenseiten rechnen	5.2.3.2
Abrechnung nach Längenmaß [m] von Schutzeinrichtungen (Seitenschutz o.Ä.)	Länge in der größten Abwicklung an den Gerüstaußenseiten rechnen	5.2.3.3

Abrechnung von Wetterschutzdächern und Auflagergerüsten

Worum geht es?	Wie wird gerechnet/ermittelt?	ATV
Wetterschutzdächer sowie deren Auflagergerüste	immer getrennt rechnen	5.2.4.1
bei Abrechnung von Auflagergerüsten für Wetterschutzdächer nach Flächenmaß [m²] generell	nach ihrer Ansichtsfläche abrechnen	5.2.4.2
bei Abrechnung von Auflagergerüsten für Wetterschutzdächer nach Flächenmaß [m²] Länge	in ihrer größten Abwicklung, gemessen an der Gerüstaußenseite, rechnen	5.2.4.2

Worum geht es?	Wie wird gerechnet/ermittelt?	ATV
bei Abrechnung von Auflagergerüsten für Wetterschutzdächer nach Flächenmaß [m²] Höhe 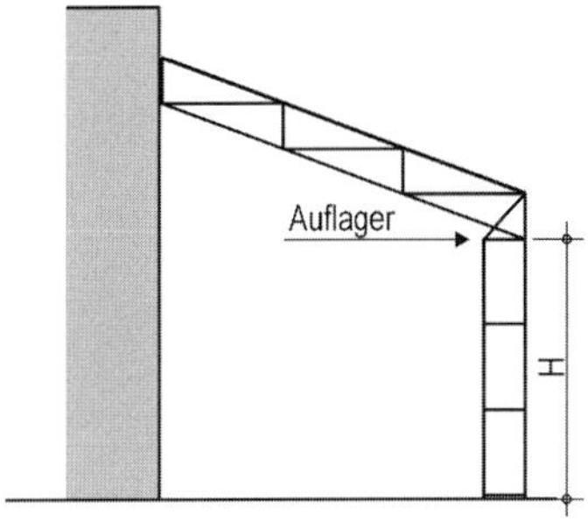	von der Standfläche bis zur Oberseite der Auflager für das Schutzdach rechnen	5.2.4.2
bei Abrechnung von Wetterschutzdächern nach Flächenmaß [m²] 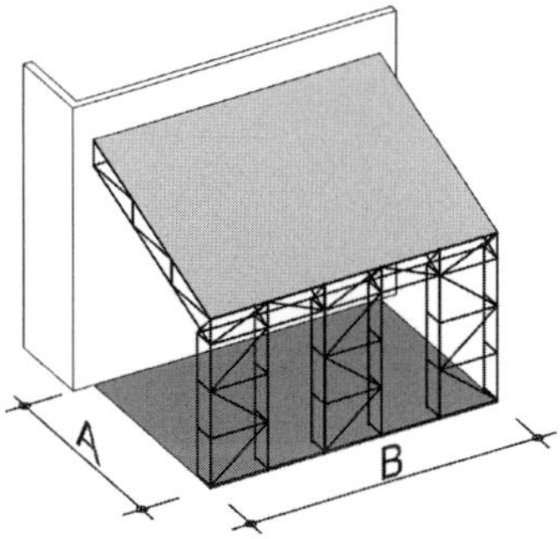	Fläche des Schutzdachs in ihrer vertikalen Projektion rechnen	5.2.4.3

Abrechnung von Raumgerüsten als Arbeits- oder Schutzgerüst

Worum geht es?	Wie wird gerechnet/ermittelt?	ATV
bei Abrechnung von Raumgerüsten in Innenräumen nach Raummaß [m³]	Volumen des eingerüsteten Raums rechnen	5.2.5.1

Worum geht es?	Wie wird gerechnet/ermittelt?	ATV
Raumgerüste als Arbeits- und Schutzgerüste mit einer oder mehreren freien Belagkanten 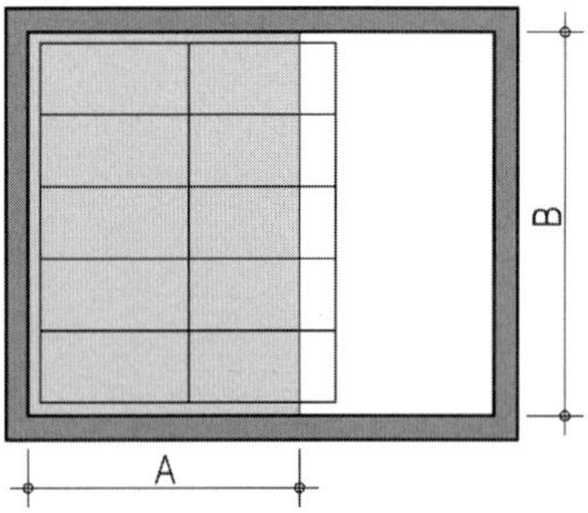	Länge und Breite des Gerüsts an den freien Gerüstseiten bis zur Belagkante rechnen, wenn die Maße der Gerüste für die Ausführung der Arbeiten notwendig sind oder durch das Gerüstsystem bedingt sind	5.2.5.2
Höhe 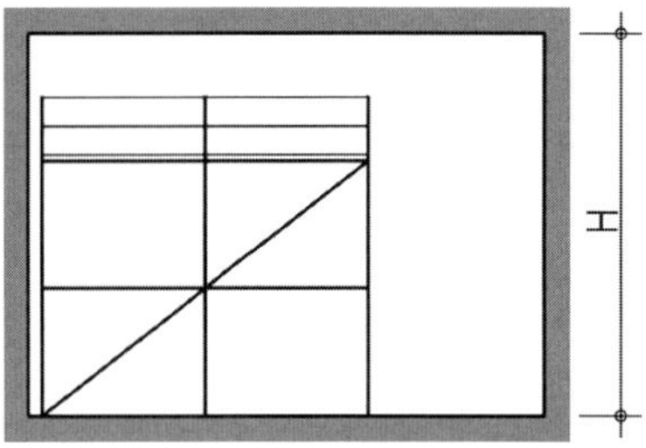 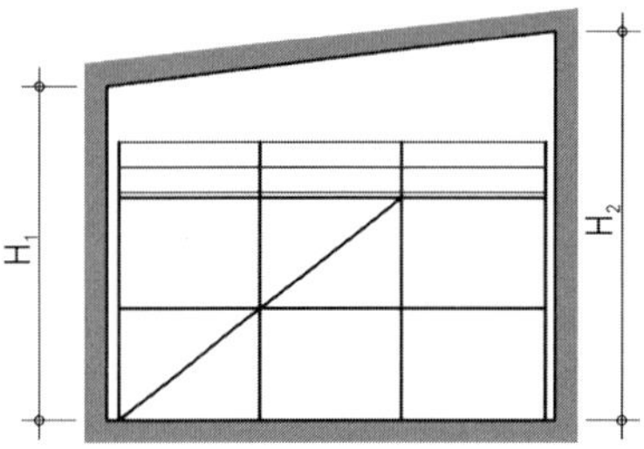	von der Standfläche des Gerüsts durchgängig bis zur höchsten Stelle der vom Gerüst aus zu bearbeitenden Fläche rechnen, maximal jedoch bis 2 m über die oberste Belagfläche	5.2.5.3

Abrechnung von Traggerüsten

Worum geht es?	Wie wird gerechnet/ermittelt?	ATV
bei Abrechnung von Traggerüsten nach Raummaß [m³] 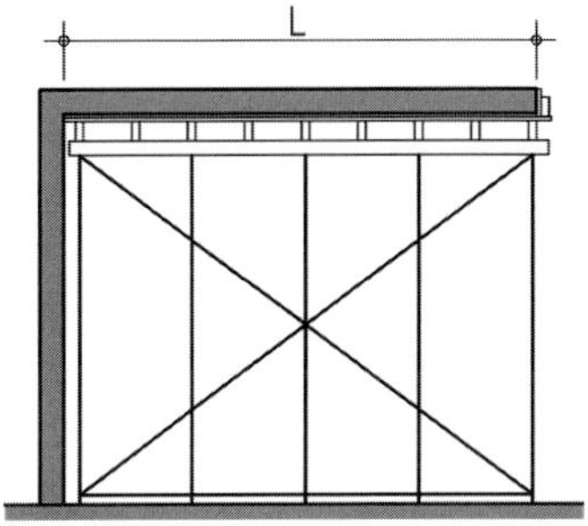	Volumen des eingerüsteten Raums rechnen	5.2.6.1
Traggerüste die frei stehend bzw. nicht durch Bauwerke oder -teile begrenzt sind	Länge und Breite des Traggerüsts an den freien Gerüstseiten bis zur Belagkante rechnen, wenn die Maße der Gerüste für die Ausführung der Arbeiten notwendig sind oder durch das Gerüstsystem bedingt sind	5.2.6.2
Schalungsflächen	gelten dabei als Belagflächen gemäß 5.2.1.2	5.2.6.2
Traggerüste für Brücken Breite und Länge 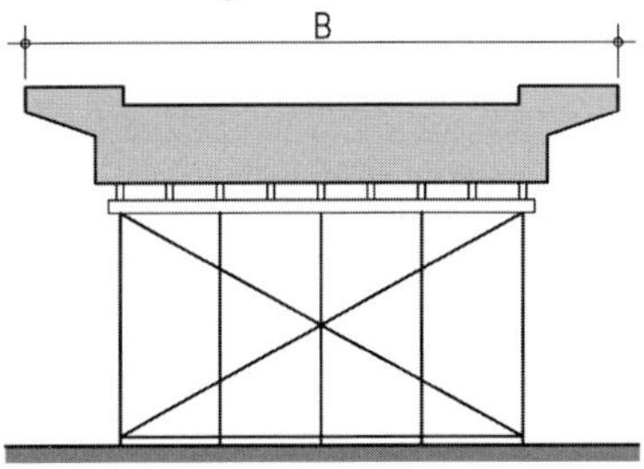	Breite zwischen den Außenseiten des Überbaus, Länge zwischen den Widerlagern ohne Abzug von Zwischenpfeilern und Stützen rechnen	5.2.6.3

Worum geht es?	Wie wird gerechnet/ermittelt?	ATV
Höhe 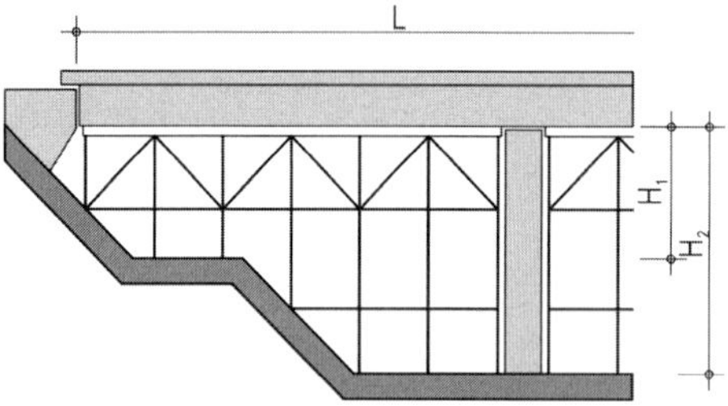	von der Standfläche des Gerüsts bis zur Oberseite der Trägerlage des Gerüsts rechnen	5.2.6.4

Abrechnung von Hängegerüsten

Worum geht es?	Wie wird gerechnet/ermittelt?	ATV
Abrechnung von Hängegerüsten mit längen orientierten Gerüstlagen nach Flächenmaß [m²] 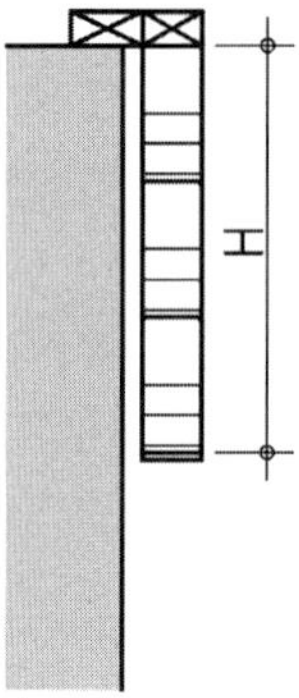	Höhe von der Oberseite der untersten Gerüstlage bis zu den Lasteinleitungspunkten des Hängegerüsts rechnen	5.2.7.1
Abrechnung von Hängegerüsten mit flächen orientierten Gerüstlagen nach Flächenmaß [m²]	mit den Maßen des Belags rechnen, wenn die Maße des Belags für die Ausführung der Arbeiten notwendig oder durch das Gerüstsystem bedingt sind	5.2.7.2
Abrechnung von Hängegerüsten mit längen orientierten Gerüstlagen nach Flächenmaß [m²] vor Wandflächen	Höhe von der Oberseite der untersten Gerüstlage bis zur höchsten Stelle der eingerüsteten Fläche rechnen	5.2.7.3

Abrechnung von Hänge- und Kletterbühnen

Worum geht es?	Wie wird gerechnet/ermittelt?	ATV
eingerüstete Flächen	sind die Flächen oder Bauteile, zu deren Bearbeitung oder Schutz die Bühne vorgesehen ist	5.2.8.1.
Länge	größte horizontale Abwicklung der eingerüsteten Fläche, mindestens jedoch 2,5 m rechnen	5.2.8.2
Höhe	von der Oberseite der untersten Bühnenlage bis zur höchsten Stelle der eingerüsteten Fläche rechnen, maximal jedoch bis 2 m über der obersten Belagfläche	5.2.8.3
Hängebühnen die nur zur Bearbeitung von Teilflächen dienen	nach Abschnitt 5.2.7 rechnen	5.2.8.4

Abrechnung von Überbrückungen

Worum geht es?	Wie wird gerechnet/ermittelt?	ATV
bei Abrechnung von Überbrückungen nach Längenmaß [m] die z.B. bei Öffnungen, Dächern, Gebäudeteilen, Anbauten, Durchfahrten erforderlich sind 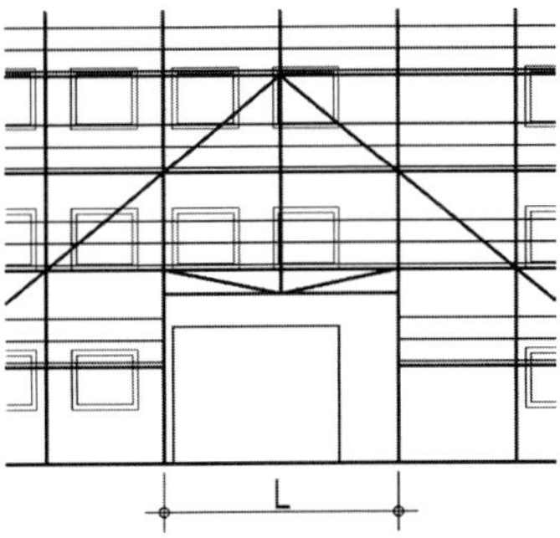	in der Länge des überbrückten Zwischenraums rechnen	5.2.9

Abrechnung von Gerüstbekleidungen

Worum geht es?	Wie wird gerechnet/ermittelt?	ATV
bei Abrechnung von Gerüstbekleidungen	tatsächliche Bekleidungsfläche rechnen	5.2.10

Abrechnung von Gerüsttreppen und Treppentürmen

Worum geht es?	Wie wird gerechnet/ermittelt?	ATV
Abrechnung von Gerüsttreppen und Treppentürmen nach Bauhöhe	Höhe von der Standfläche der Treppe bis zum obersten Austritt rechnen, zuzüglich 2 m	5.2.11

Abzugs- und Übermessungsregeln

Übermessungsregeln

Worum geht es?	Wie wird gerechnet/ermittelt?	ATV
Öffnungen in der eingerüsteten Fläche z.B. Fenster, Tore, Durchfahrten, überbrückte Gebäudeteile, Anbauten, Balkone, Erker u.Ä.	immer übermessen, unabhängig von ihren Maßen	5.3.1
Zwischenräume zwischen Dachgauben, Dachaufbauten u.Ä., bei denen die wandseitige, durch die Belagkante gebildete Gerüstflucht nicht unterbrochen ist	mit einer Einzellänge ≤ 2,5 m übermessen, bei größeren Abständen ist nach den Regeln der Abschnitte 5.2.1 bis 5.2.3 zu rechnen	5.3.2
Vor- und Rücksprünge welche die wandseitige, durch die Belagkante gebildete Gerüstflucht nicht unterbrechen 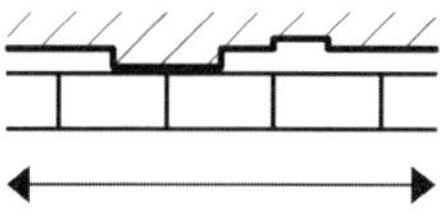	nicht berücksichtigen	5.3.3

Einzelregelungen

Abrechnung von einfeldigen Gerüsten nach Flächenmaß [m²]

Worum geht es?	Wie wird gerechnet/ermittelt?	ATV
einfeldige Gerüste	Länge mit mindestens 2,5 m rechnen	5.4.1
Einrüstung kleiner Flächen und Bauteile	Länge mit mindestens 2,5 m rechnen	5.4.1

Einrüstung von besonders geformten Bauwerken und -teilen nach Flächenmaß [m²]

Worum geht es?	Wie wird gerechnet/ermittelt?	ATV
Abrechnung der Gerüstlänge von besonders geformten Bauteilen z.B. Kirchturmspitzen, Pfeiler, Windkraftanlagenfundamente u.Ä.	Länge in der größten horizontalen Abwicklung des eingerüsteten Bauwerks rechnen	5.4.2
Abrechnung der Gerüsthöhe bei besonders geformten Bauteilen z.B. Kirchturmspitzen, Pfeiler, Windkraftanlagenfundamente u.Ä.	Höhe von der Standfläche des Gerüsts bis zur höchsten Stelle der eingerüsteten Fläche durchgängig rechnen, maximal jedoch bis 2 m über die oberste Belagfläche	5.4.2

Abrechnung der Gebrauchsüberlassung

Worum geht es?	Wie wird gerechnet/ermittelt?	ATV
Beginn der Gebrauchsüberlassung	grundsätzlich am vereinbarten Termin	5
Beginn der Gebrauchsüberlassung bei Nutzung vor dem vereinbarten Termin	vom ersten Tag der Benutzung des Gerüsts bzw. der benutzten Gerüstabschnitte an rechnen	5.4.3.1
Ende der Gebrauchsüberlassung	nach Freigabe zum Abbau durch den Auftraggeber, jedoch frühestens 3 Werktage nach Zugehen der Freigabe beim Auftragnehmer	5.4.3.2
Dauer der Gebrauchsüberlassung bei allen Gerüsten außer Traggerüsten	je angefangene Woche rechnen	5.4.3.3

Worum geht es?	Wie wird gerechnet/ermittelt?	ATV
Dauer der Gebrauchsüberlassung bei Traggerüsten	nach Kalendertagen rechnen und zusätzlich der zu vereinbarende Zeitraum der Vorhaltung während des Auf- und Abbaus	5.4.3.4

ATV DIN 18459
Abbruch- und Rückbauarbeiten

Allgemeines

Worum geht es?	Wie wird gerechnet/ermittelt?	ATV
Ermittlung der Leistung	erfolgt nach Zeichnungen, wenn diese den ausgeführten Leistungen entsprechen, andernfalls nach Aufmaß	5
zugrunde gelegt werden gleichgültig, ob die Leistungsermittlung nach Zeichnung oder Aufmaß erfolgt		5.1.1
bei abzubrechenden Bauwerken	deren Maße	5.1.1
bei abzubrechenden, rückzubauenden technischen Anlagen	deren Maße	5.1.1
bei abzubrechenden, rückzubauenden Bauteilen	deren Maße	5.1.1
vereinfachende Regeln Übermessungs- und Einzelregelungen	bei der Ermittlung der Leistungen anwenden	5.1.1

Ermittlung der Maße/Mengen

Abrechnung nach Masse [kg, t]

Worum geht es?	Wie wird gerechnet/ermittelt?	ATV
Masse	durch Wiegen oder Berechnen nachweisen	5.2.1
Berechnung der Masse	Volumen des jeweiligen anfallenden Baustoffs oder Bauteils ermitteln und daraus in Verbindung mit den Baustoffwichten nach DIN EN 1991-1-1 und DIN EN 1991-1-1/NA die Masse berechnen	5.2.1

Abrechnung nach Längenmaß [m]

Worum geht es?	Wie wird gerechnet/ermittelt?	ATV
Abrechnungslänge bei Kernbohrungen	mindestens 10 cm je Bohrloch	5.2.2

Abrechnung nach Flächenmaß [m²]

Worum geht es?	Wie wird gerechnet/ermittelt?	ATV
Sägearbeiten 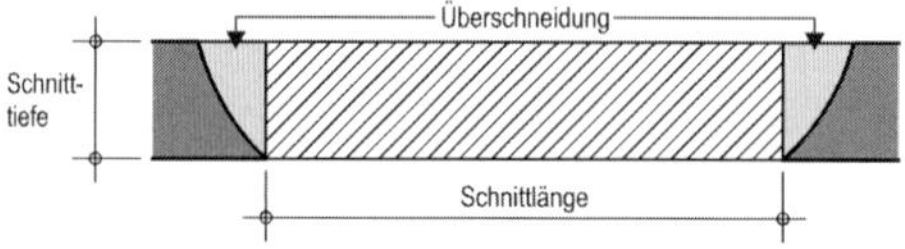 	abzurechnende Schnittfläche aus Schnittlänge und Schnitttiefe ermittelt	5.2.3
Sägearbeiten in Mauerwerk oder Beton	Schnitttiefe von mindestens 3 cm ansetzen, wenn die tatsächliche Schnittfläche darunterliegt	5.2.3

Abzugs- und Übermessungsregeln

Übermessungsregeln bei Abrechnung nach Raummaß [m³]

Worum geht es?	Wie wird gerechnet/ermittelt?	ATV
Aussparungen	$\leq 0,5\ m^3$ Einzelgröße übermessen	5.3.1

Übermessungsregeln bei Abrechnung nach Flächenmaß [m²]

Worum geht es?	Wie wird gerechnet/ermittelt?	ATV
Aussparungen generell, außer bei manuellen Verfahren 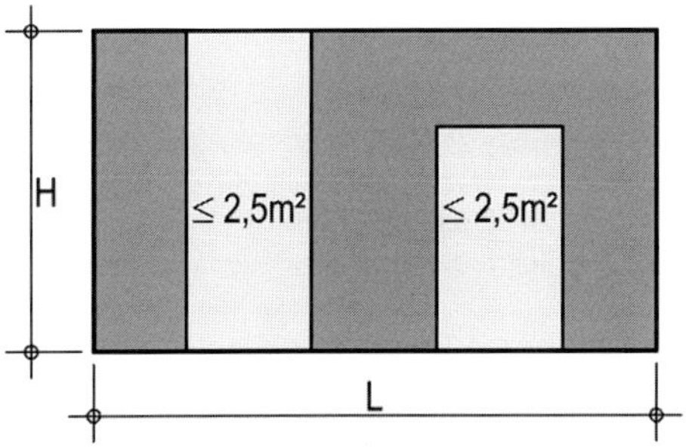	≤ 2,5 m² Einzelgröße übermessen	5.3.2.1
Aussparungen bei manuellen Verfahren	über 0,5 m² Einzelgröße übermessen	5.3.2
Unterbrechungen in der abzubrechenden oder rückzubauenden Fläche durch Bauteile z.B. Fachwerksteile, Stützen, Unterzüge, Vorlagen u.Ä. 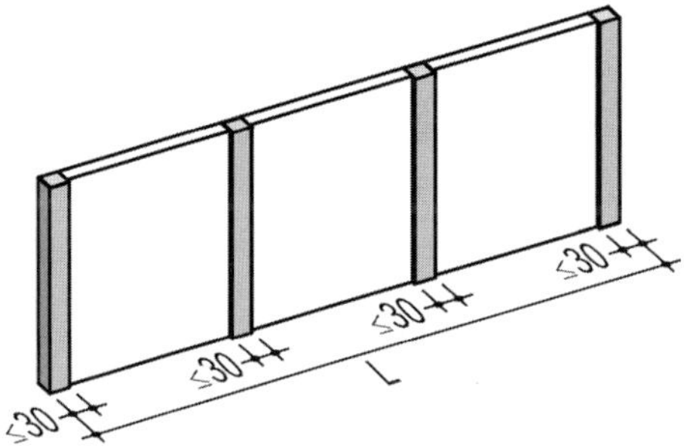	mit einer Einzelbreite ≤ 30 cm übermessen	5.3.2

Übermessungsregeln bei Abrechnung nach Längenmaß [m]

Worum geht es?	Wie wird gerechnet/ermittelt?	ATV
Unterbrechungen generell, außer bei Kernbohrungen (siehe 5.3.5)	≤ 1 m Einzellänge übermessen	5.3.3

Übermessungsregeln bei Abrechnung nach Schnittfläche [m²]

Worum geht es?	Wie wird gerechnet/ermittelt?	ATV
Unterbrechungen in der Schnittfläche	≤ 0,1 m² Einzelgröße übermessen	5.3.4

Übermessungsregeln bei Kernbohrarbeiten

Worum geht es?	Wie wird gerechnet/ermittelt?	ATV
Unterbrechungen in der Bohrlochtiefe bei Kernbohrarbeiten 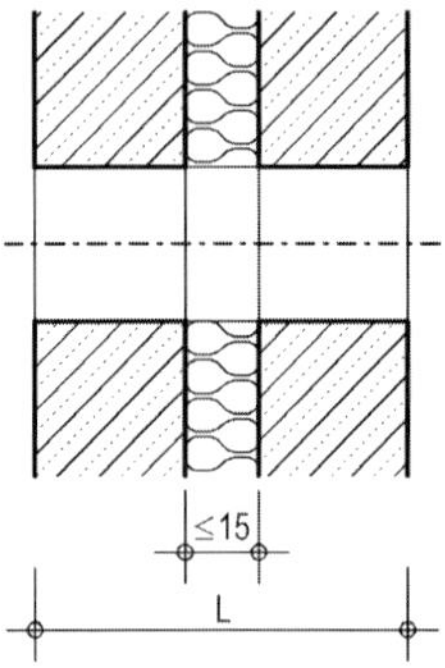	bis einschließlich 15 cm übermessen	5.3.5

Einzelregelungen

Worum geht es?	Wie wird gerechnet/ermittelt?	ATV
Stahlschnitte bei Stahlbetonsäge- und Bohrarbeiten	bis 2 cm² Einzelschnittfläche übermessen	5.4